# Trompeuses apparences

ANNE MATHER

# Trompeuses apparences

HARLEQUIN

COLLECTION AZUR

**Si vous achetez ce livre privé de tout ou partie de sa couverture, nous vous signalons qu'il est en vente irrégulière. Il est considéré comme « invendu » et l'éditeur comme l'auteur n'ont reçu aucun paiement pour ce livre « détérioré ».**

*Cet ouvrage a été publié en langue anglaise sous le titre :*
HER GUILTY SECRET

*Traduction française de*
JEAN-BAPTISTE ANDRÉ


83-85, boulevard Vincent-Auriol, 75013 Paris — Tél. : 01 42 16 63 63
Service Lectrices — Tél : 01 45 82 47 47
ISBN 2-280-04709-8 — ISSN 0993-4448

# 1.

— Je suppose que vous êtes habituée à ce genre de cas ? demanda l'homme qui était assis en face de Kate.

— Bien sûr.

La jeune femme avait répondu sans hésiter, mais son client n'en cessa pas pour autant de l'étudier d'un œil dubitatif. Puis il parcourut l'étroit bureau d'un regard circulaire — et se rembrunit davantage. Visiblement, les plantes vertes que Kate avait disséminées dans la pièce ne lui paraissaient guère professionnelles !

Sentant l'attention de son visiteur peser de nouveau sur elle, elle fit mine de ranger plusieurs dossiers épars sur son bureau, comme si chacun d'eux abritait un cas de la plus haute importance. Mais à la vérité, les affaires étaient plutôt rares ces derniers temps, ce qui n'avait rien d'étonnant. Peu de gens, en effet, étaient disposés à s'en remettre entièrement à une femme. La mention inscrite sur la porte, de plus, indiquait encore : « William Ross, détective privé. » Les clients n'en étaient que plus surpris lorsqu'ils se retrouvaient face à elle. Pour la centième fois, elle se promit en silence de remplacer au plus vite le nom de son père par le sien.

— Donnez-moi un maximum d'informations sur votre femme, déclara-t-elle, décidant qu'il lui revenait de prendre l'initiative. Je ferai de mon mieux pour obtenir un résultat.

L'homme hésita, répugnant manifestement à lui faire confiance, et Kate réprima un soupir de frustration. Seigneur, était-il donc si difficile de retrouver une épouse disparue ?

— Vous comprenez que cette affaire exige la plus grande discrétion ?

Elle hocha la tête d'un air entendu, songeant cependant que son interlocuteur n'était pas le plus engageant des clients. Il portait une veste élimée sur un jean sale, ainsi que des chaussures de sport qui avaient connu des jours meilleurs. Avait-il vraiment les moyens de s'offrir ses services ?

— Toutes les informations que vous me communiquerez resteront strictement confidentielles, annonça-t-elle, réprimant une soudaine envie de refuser l'affaire.

— Et le tarif ? Il est négociable ?

— J'ai bien peur que non.

Kate détestait cette partie de son métier, mais elle prit une brève inspiration, avant de poursuivre :

— Cent livres par jour, plus les frais. Et je vais devoir vous demander une avance.

— Une avance ? grommela son client.

Sans mot dire, elle le fixa patiemment. Son visage n'avait rien de remarquable, et elle supposa qu'il devait approcher de la cinquantaine. Sa bouche affaissée, cependant, lui faisait paraître quelques années de plus.

— C'est tout à fait normal, argua-t-elle. Si je ne retrouve pas votre femme, vous pourriez refuser de me payer. Et puis, il faut que je couvre mes dépenses...

— Hmm...

L'autre parut réfléchir à son explication, une ride soucieuse barrant son front, et Kate commença de se sentir mal à l'aise. Elle aurait aimé pouvoir se payer le luxe de décliner l'affaire, mais ce cabinet de détective privé constituait sa seule source de revenus. Son diplôme de droit ne lui avait en effet pas permis de décrocher de travail dans la petite ville de Montford, et elle n'avait eu d'autre choix que d'accepter d'assister son père pour gagner sa vie. Le travail ne lui déplaisait pas, d'ailleurs, mais il n'était pas très rémunérateur.

Reportant son attention sur son vis-à-vis, elle constata qu'il s'était mis à fouiller dans la poche de son imperméable. Il en tira une enveloppe étonnamment épaisse, dont il sortit plusieurs billets.

— Ça vous convient? Il doit y avoir deux mille livres.

Malgré sa stupeur, Kate tenta de ne pas paraître décontenancée par sa prodigalité. La plupart de ses clients lui avançaient deux jours d'enquête, guère plus. Qu'allait-elle faire de deux mille livres? Payer le loyer, pour commencer, puis offrir à Joanne son séjour en classe de neige...

— Je... Hmm, ce sera parfait.

En silence, elle se força à suivre la procédure que son père lui avait enseignée avant sa mort. « Une fois les honoraires fixés, récita-t-elle *in petto,* s'assurer de la légalité de l'enquête. »

— Bien, fit l'homme en se penchant vers elle. Je suppose que vous voulez savoir son nom? Et la dernière fois que je l'ai vue?

— Ça m'aiderait, en effet.

— Très bien. Elle s'appelle Alicia Sawyer.

— Alicia... Sawyer, répéta Kate en couchant l'information sur un bloc-notes.

— Et elle a disparu depuis près de deux mois.

— Puis-je avoir votre prénom, monsieur Sawyer?

— Est-ce bien nécessaire? marmonna l'intéressé en fronçant les sourcils.

— C'est pour mes fichiers personnels.

— C'est... Henry, précisa son client après une hésitation. Henry Sawyer. Pouvons-nous continuer ?

— Je vous en prie. Peut-être pourriez-vous commencer par me donner la description de votre épouse ? A moins que vous n'ayez une photographie ?

— Oui, bien sûr.

De la poche dans laquelle il avait rangé l'enveloppe, il tira un cliché écorné.

— Ça vous suffit ?

Kate examina la femme blonde et extrêmement séduisante qui s'offrait à ses yeux. Etait-elle *vraiment* mariée à Henry Sawyer ? s'interrogea-t-elle — avant de se reprendre. Cela ne la regardait pas, après tout...

— Quel âge a votre épouse ?

— Trente-neuf ans, répondit-il après un autre temps d'hésitation. Oui, c'est ça, trente-neuf ans.

Kate acquiesça, reporta l'information sur son carnet et poursuivit :

— Je suppose que vous avez averti la police de sa disparition ?

— Oui, mais ils n'ont rien voulu savoir.

— J'ai peine à le croire...

— C'est pourtant vrai. J'ai compris que si je voulais la retrouver, je devais agir.

— Je ne comprends pas pourquoi la police...

— Je ne vivais plus avec ma femme lorsqu'elle a disparu, coupa Henry Sawyer avec irritation.

— Vous... ne viviez plus avec elle ?

— Non. Elle était partie six mois plus tôt. Cette garce ne m'a même pas laissé un mot !

— Eh bien, dans ce cas, puisqu'elle vous a quitté, elle ne veut peut-être pas que vous sachiez où elle est allée...

— Je sais où elle est allée !

Sawyer avait tapé du poing sur le bureau, et Kate en éprouva un frisson d'inquiétude. Elle se rappela que le vieux revolver de son père était dans le tiroir à sa main droite. En cas de problème, elle n'hésiterait pas à menacer son visiteur. L'arme n'était pas chargée, mais il n'en saurait rien...

— Si vous savez où elle est allée..., commença-t-elle prudemment, avant d'être de nouveau interrompue.

— Je sais où elle se trouvait jusqu'au moment de sa disparition. Personne ne l'a vue depuis deux mois, et j'aimerais la retrouver. C'est clair ?

— Très clair. Mais pourquoi est-elle... partie ?

— Qu'est-ce que vous croyez ? Ce salaud l'a séduite. Il m'a volé ma femme.

— Vous voulez dire que vous connaissez l'homme pour lequel elle vous a quitté ?

— Ça, oui, je le connais, maugréa Sawyer, découvrant une rangée de dents tachées de nicotine. Il s'appelle Kellerman. Alex Kellerman. Vous avez déjà entendu parler de lui, je suppose ? Il habite cette immense propriété que longe Bath Road.

Kate dévisagea son client avec stupeur. Alex Kellerman était l'un des propriétaires terriens les plus connus du pays. Son haras à lui seul valait une véritable fortune. Comment un homme aussi puissant que lui avait-il pu rencontrer la femme de l'obscur Henry Sawyer ?

— Je... Je connais M. Kellerman, répondit-elle enfin. Enfin, je veux dire, je le connais de nom. Savez-vous comment votre épouse a fait sa connaissance ?

— Bien sûr, repartit son client d'un ton méprisant, comme s'il s'était agi d'une évidence. Elle travaillait pour lui.

— Je comprends mieux. A quel titre était-elle employée ?

Sawyer se passa un doigt sur l'arête du nez, avant de répondre :

— Elle faisait du secrétariat. En tout cas, c'est ce qu'elle m'a dit.

— Bien. A-t-elle travaillé longtemps pour lui ?

— Assez longtemps pour qu'il la persuade de me quitter. Nous étions heureux jusqu'à ce qu'elle parte travailler à Jamaïca Hill.

— Et c'est là qu'elle est allée lorsqu'elle vous a quitté ?

— Oui. Elle est partie vivre chez Kellerman.

— Vous pensez donc qu'ils ont une liaison ?

— Je ne le pense pas. Je le sais. Pour quelle autre raison m'aurait-elle quitté ?

Kate en entrevit aussitôt plusieurs, mais elle se contenta de poursuivre :

— Et vous affirmez à présent qu'elle n'est plus là-bas ?

— Oui.

— Vous voudriez donc savoir où elle travaille à présent...

— Si elle travaille quelque part, précisa Sawyer d'un ton sinistre. Ça fait près de huit semaines qu'elle a disparu, et personne ne semble savoir ce qu'elle est devenue.

— Elle a probablement quitté Montford, déclara Kate, formulant à voix haute ses déductions. Peut-être ne veut-elle pas que l'on sache où elle est allée ?

— Je n'y crois pas, répliqua sèchement son client. Ce Kellerman cache quelque chose. Je suppose que vous vous rappelez ce qui est arrivé à son épouse ?

Effarée, la jeune femme écarquilla légèrement les yeux.

— Vous ne suggérez tout de même pas...

— Qu'il l'a tuée ? Et pourquoi pas ? Il s'en est déjà sorti une fois blanc comme neige, non ?

— Mais la mort de Mme Kellerman était accidentelle !

— Vous croyez ?

— Bien sûr. De plus, Mme Sawyer était une employée. Si Kellerman avait voulu se débarrasser d'elle, il n'avait qu'à la renvoyer.

— Imaginez qu'Alicia ait découvert quelque chose ? Une chose qu'elle aurait refusé de taire ? Je doute que les affaires de Kellerman auraient survécu à une nouvelle publicité.

En proie à un malaise croissant, Kate secoua la tête. Ce qui avait commencé comme une enquête banale menaçait à présent de se transformer en une affaire de plus grande envergure. Du moins, si ce qu'avançait Sawyer se vérifiait. Or, rien n'était moins sûr. Car si la femme d'Alex Kellerman était effectivement morte dans des circonstances étranges, l'homme d'affaires, lui, avait été disculpé.

Pourtant...

Malgré elle, Kate ne put s'empêcher de repenser aux gros titres qui avaient barré la une des journaux, trois ans plus tôt, lorsque Pamela Kellerman s'était brisé les vertèbres lors d'une mauvaise chute de cheval.

Les spéculations, à l'époque, étaient allées bon train. Pamela était enceinte de trois mois au moment de l'accident, mais, selon la rumeur, le couple qu'elle formait avec Alex était déjà au plus mal et ne perdurait que dans l'intérêt de leur petite fille, âgée de deux ans. Certains journalistes plus audacieux que les autres — ou moins scrupuleux — étaient même allés jusqu'à suggérer que l'enfant qu'elle portait n'était pas de son mari.

Bien sûr, rien de tout cela n'avait été prouvé. Aucun journal, de plus, n'avait eu l'audace de s'exprimer ouvertement sur le sujet pour ne pas risquer un procès en diffamation.

Restaient quelques faits troublants — à commencer par la question principale : pourquoi Pamela avait-elle monté un cheval réputé pour son tempérament dangereux ? Et pourquoi ce cheval, si semblable en apparence à celui qu'elle montait habituellement, avait-il été mis dans la stalle de ce dernier ?

L'enquête avait été longue et pénible. Le père de la victime, sur les conseils de son avocat, avait porté plainte contre son beau-fils. Alex Kellerman s'était montré étrangement froid et distant durant la procédure, mais rien n'avait pu être retenu contre lui. La cour avait conclu à une mort accidentelle, et les rumeurs s'étaient peu à peu éteintes.

En se remémorant le visage de l'homme d'affaires, qu'elle avait vu tant de fois dans les journaux, Kate ne put retenir un frisson d'appréhension. Alex Kellerman était très bel homme, mais quelque chose dans son regard, ou peut-être dans l'arrogante perfection de ses traits, indiquait qu'il constituait un adversaire dangereux. Elle se devait donc de faire particulièrement attention...

— La mort de Mme Kellerman était accidentelle, répéta-t-elle avec conviction. Je ne suis pas surprise que la police ne vous ait pas pris au sérieux si vous leur avez exposé votre point de vue sur le sujet.

— Vous voulez ce travail, oui ou non ? Je n'ai pas de temps à perdre, moi !

Kate fit semblant d'étudier ses notes pour se donner le temps de réfléchir. Son loyer et la classe de neige de Joanne valaient-ils la peine qu'elle se risquât sur une telle affaire ? Jusqu'à présent, elle s'était contentée de cas d'adultère et de missions ponctuelles pour des sociétés d'assurances. Mais il était vrai qu'elle n'en avait tiré que de maigres bénéfices.

De plus, si elle ignorait les allégations fantaisistes de son client, son enquête n'aurait certainement rien de compliqué. Alicia Sawyer avait travaillé pour Alex Kellerman, et d'autres employés se souviendraient certainement d'elle.

— Je vais avoir besoin de détails supplémentaires, annonça enfin Kate, espérant qu'elle n'était pas en train de commettre une regrettable erreur. Quand avez-vous eu vos premiers soupçons à l'encontre de M. Kellerman ? Avez-vous parlé à votre épouse depuis qu'elle vous a quitté ? Et a-t-elle emporté toutes ses affaires ?

Il était presque 9 heures lorsque Kate regagna enfin l'appartement qu'elle partageait avec sa mère et sa fille. Une nuit froide et épaisse s'était déjà abattue sur le village, mais une douce chaleur régnait dans le salon lorsqu'elle y pénétra enfin.

— Tu es en retard, s'exclama aussitôt sa mère, qui regardait la télévision avec Joanne. J'ai remis ton dîner au four, mais je doute qu'il soit encore chaud.

— Ce n'est pas grave. J'ai pris un sandwich en guise de déjeuner, à 3 heures, et je n'ai pas très faim.

Kate sourit ensuite à sa fille, qui leva une main paresseuse dans sa direction.

— Bonsoir, ma chérie. J'espère que tu as fait tes devoirs avant de te coller devant cet écran ?

— Oui, je les ai terminés.

— Bon. Jc suis vraiment désolée de rentrer à cette heure-ci. Mais mon client est parti assez tard, et j'ai dû appeler le *Herald* pour procéder à des vérifications préliminaires. J'aurais dû vous téléphoner, mais je ne pensais pas que cela me prendrait si longtemps. J'espère que vous ne vous êtes pas inquiétées ?

— Si, répondit sa mère en l'aidant à se débarrasser de son manteau. Mais je suppose que ta secrétaire était avec toi ?

— Susie ? Non. Elle avait un rendez-vous galant ce soir. Je l'ai laissée partir.

Ellen Ross secoua la tête d'un air réprobateur.

— Tu sais que je n'apprécie pas que tu reçoives des clients si tard, marmonna-t-elle. Ton père pouvait le faire, parce que c'était un homme. Il était capable de se défendre en cas de problème.

— Je sais parfaitement me défendre, maman. Ce que tu peux être sexiste, parfois !

— Pas sexiste, corrigea Joanne sans détourner les yeux de l'écran. Réaliste ! Ça m'étonnerait que tes quelques cours d'arts martiaux puissent t'aider en cas de besoin. Tu ne pourrais rien faire contre un vrai méchant !

— Je n'ai pas affaire à des méchants, répondit Kate en lui jetant un regard sévère. Tu regardes trop la télévision. Mes enquêtes sont tout ce qu'il y a de plus banales.

— Pour le moment ! Qui était le type de ce soir ? Encore une enquête ordinaire ?

La jeune femme songea avec un pincement de culpabilité aux deux mille livres qui se trouvaient dans son sac, mais répondit d'un ton détaché :

— Parfaitement ordinaire. Et vous savez que j'ai pour principe de ne pas parler de mon travail.

Ce ne fut que lorsqu'elle se coucha enfin que Kate s'autorisa à repenser à l'affaire Sawyer. Elle n'était toujours pas certaine d'avoir pris la bonne décision en acceptant de s'y consacrer. Son client ne lui inspirait guère confiance, et la disparition de son épouse lui semblait justifiée. Alicia avait certainement refait sa vie ailleurs, et Alex Kellerman n'était pour rien dans sa disparition.

Avec un soupir, Kate regretta de ne pas pouvoir discuter de l'enquête avec son père. Ce dernier avait toujours été de bon conseil. C'était lui qui lui avait enseigné toutes les ficelles du métier. Elle n'avait malheureusement pu travailler que quelques mois avec lui, avant qu'une crise cardiaque ne lui ôte la vie. Une crise cardiaque due, selon sa mère, au surmenage. Ainsi avait disparu le dernier homme de sa vie, le seul qui lui était resté après la mort de son mari.

Un homme... Voilà ce qui lui manquait. Elle avait soigneusement évité toute relation durable depuis le décès de Sean, sous prétexte de se consacrer uniquement à sa fille. La vérité, c'était que la trahison de son mari lui avait laissé un goût amer. Ce dernier avait trouvé la mort dans un accident de voiture, dans une région où il n'était pas supposé voyager, en compagnie d'une jeune femme qui s'était révélée être sa maîtresse.

Soutenue par ses parents — qui n'avaient d'ailleurs jamais apprécié Sean outre mesure — Kate avait repris ses études de droit tout en élevant sa fille. Mais il lui avait été impossible de trouver un travail lorsqu'elle avait enfin obtenu un diplôme. Nul ne voulait d'une femme de trente-deux ans, avec une enfant à charge et sans la moindre expérience professionnelle.

C'était alors que son père lui avait proposé de l'assister. Elle avait accepté, sachant pertinemment qu'il n'avait pas vraiment besoin de quelqu'un. Mais elle n'avait pas tardé à s'apercevoir qu'elle pouvait lui être réellement utile en s'occupant de l'aspect juridique de ses affaires. Ils en étaient venus, en l'espace de quelques mois, à former une équipe imparable. Puis William Ross était mort, et la clientèle s'était faite plus rare. Durant quelque temps, Kate avait même cru qu'il lui faudrait fermer boutique.

Mais les affaires reprenaient lentement, essentiellement parce qu'elle avait remporté quelques succès appréciables dans des cas réputés difficiles. Pour autant, elle n'était pas encore en mesure de pouvoir refuser des enquêtes. Voilà pourquoi elle avait accepté l'argent de Sawyer.

Tournant la tête sur son oreiller, elle remarqua qu'un rayon de lune éclairait son sac à main, posé sur une chaise. Elle n'avait pas osé en sortir les deux mille livres, de peur que sa fille ne les trouvât.

Ou sa mère, songea-t-elle, supposant que cette dernière n'apprécierait guère sa nouvelle mission. Kate pouvait presque l'entendre la harceler de questions qu'elle-même se posait. D'où venait l'argent ? L'affaire était-elle légale ? Et surtout, pour quelle raison Henry Sawyer voulait-il retrouver la trace de sa femme ?

# 2.

Un rayon de soleil matinal pénétrait par les interstices des volets, chatouillant les paupières de l'homme allongé sur le lit. Avec un grommellement irrité, il se tourna pour échapper à la lumière, puis se figea lorsque son bras rencontra une hanche ronde et brûlante.

Alors, seulement, il ouvrit les yeux, pour constater qu'il se trouvait dans le lit de Lacey. Il ne se rappelait pas comment il y était arrivé, mais leur nudité ne laissait aucun doute quant à ce qui s'était passé.

— Tu es vraiment insatiable, tu sais !

La voix de Lacey, encore ensommeillée, indiquait que son mouvement dans sa direction avait été mal interprété. Aussi retira-t-il brusquement sa main. C'était toujours la même chose, songea-t-il en se redressant. Chaque fois qu'il se laissait aller à boire, la soirée se terminait invariablement en fiasco.

Avec une grimace douloureuse, il entreprit une vérification systématique de ses fonctions vitales. Maux de tête, hyper-sensibilité auditive, bouche pâteuse, raideurs musculaires... Mais il méritait bien cela après les quantités de bourgogne qu'il avait ingérées au dîner.

— Ne pars pas...

Sourd à la supplique de sa compagne, il se leva et entreprit de ramasser ses vêtements épars dans la pièce.

— Rendors-toi, lui conseilla-t-il.

— Je ne veux pas me rendormir ! protesta Lacey Sheridan en se redressant sur un coude, lui offrant une vue imprenable sur sa poitrine un peu lourde. Rien ne presse, Alex. Il est à peine 10 heures.

Tout en passant sa chemise, Alex avisa son reflet dans le miroir. Il aurait sans doute eu meilleure mine après être passé sous un rouleau compresseur, songea-t-il en fronçant les sourcils. Pourquoi s'infligeait-il ce genre de traitement ? Qu'espérait-il y gagner ? C'était là exactement le comportement qui faisait le jeu de Conrad Wyatt, son beau-père !

— Je te parle, Alex.

Lacey avait durci le ton, mais une lueur aguicheuse brillait dans son regard.

— Je croyais que tu étais venu me parler de Sheridan's Fancy. Encore qu'en matière d'étalons, tu te débrouilles à merveille...

Alex fit de nouveau la grimace, choqué par la vulgarité de Lacey. Malgré la fortune dont elle avait hérité à la mort de son mari, malgré les cours d'élocution et de maintien qu'elle avait suivis, elle n'avait jamais pu devenir une grande dame. Sans doute aimait-elle trop la provocation pour accepter de se plier aux règles élémentaires du savoir-vivre.

Mais qui était-il pour la juger, après tout ? Ne venait-il pas de coucher avec elle ? S'il avait mal à la tête et se sentait d'humeur massacrante, il n'était pas pour autant en droit de le lui reprocher.

— Je dois y aller, déclara-t-il d'un ton bourru.

— Tu ne m'écoutes pas, Alex. Tu sais que je déteste que tu fasses comme si je n'existais pas. Pourquoi ne restes-tu pas encore un peu ? Nous prendrons une douche, puis tu...

— Non, coupa-t-il, tout en récupérant l'une de ses

bottes sous le lit. Il faut que je voie Guthrie. Il fait passer un entretien à une candidate au poste de secrétaire du domaine, ce matin.

Comprenant sans doute qu'elle ne parviendrait pas à le faire changer d'avis, Lacey se leva à son tour et passa un peignoir de satin. Tout en la suivant des yeux, Alex dut reconnaître que l'âge n'avait guère entamé sa beauté.

— Pourquoi es-tu si méchant avec moi ? s'enquit-elle en s'approchant, une moue boudeuse aux lèvres. Tu étais si passionné, cette nuit...

Alex réprima un juron. Il était venu dans l'espoir d'accoupler Sheridan's Fancy, l'étalon de Lacey, avec quelques-unes de ses juments, et s'était senti prêt à tous les sacrifices pour convaincre sa propriétaire. A la lumière du jour, cependant, les choses lui apparaissaient sous un éclairage différent. Primo, Lacey avait dix ans de plus que lui et, secundo, il n'avait aucune intention de se lancer dans une relation durable avec quiconque.

L'atmosphère de la pièce, dominée par le parfum entêtant de sa compagne, lui parut brusquement suffocante, et il fut pris d'un irrésistible besoin de s'enfuir.

— Je dois vraiment y aller, répéta-t-il en enfilant sa veste de cuir. Je te passe un coup de fil cet après-midi.

— Tu as intérêt !

— Tu peux compter sur moi.

Désireux d'éviter une scène, il embrassa rapidement Lacey et quitta enfin la pièce.

Sa Range Rover était toujours garée à l'endroit où il l'avait laissée, devant la maison. L'air était frais et sec, le ciel particulièrement dégagé pour un jour de novembre. Le soleil achevait déjà de faire fondre le manteau de givre argenté qui s'était formé à la faveur de la nuit.

Regrettant que son humeur ne soit pas à l'unisson de ce jour radieux, Alex monta en voiture et regagna Jamaïca Hill. La propriété de Lacey et la sienne étant voisines, le trajet ne lui prit guère plus de quelques minutes. Il roula toutes fenêtres ouvertes, dans l'espoir que le vent piquant et froid lui remettrait les idées en place.

Une voiture qu'il ne connaissait pas était stationnée dans la cour, quand il arriva, et il supposa qu'il s'agissait de celle de la future secrétaire. Depuis l'informatisation des comptes du domaine, Sam Guthrie, son régisseur, qui professait une méfiance instinctive vis-à-vis des ordinateurs, avait confié à des assistantes le travail qu'il effectuait auparavant manuellement. Mais cette solution s'était vite révélée un casse-tête, car l'Ecossais se montrait si irascible avec ses recrues qu'elles ne demeuraient guère en poste plus de quelques semaines.

Alex ne se sentait pas d'humeur à assister à un énième entretien, mais il avait promis à Sam de faire acte de présence. Coupant le contact, il passa une main sur sa joue rugueuse avec un soupir de dépit. Tout compte fait, peut-être aurait-il dû accepter l'offre de Lacey de prendre une douche...

Il s'apprêtait à mettre pied à terre lorsque la porte du bureau de Guthrie s'ouvrit. Une jeune femme en sortit, aussitôt suivie du régisseur, reconnaissable entre mille dans son costume de tweed. L'entretien était-il donc déjà terminé ?

Alex hésita, balançant entre le désir de s'éclipser discrètement et une curiosité certaine pour la jeune femme. D'après ce qu'il pouvait en voir à cette distance, elle paraissait particulièrement séduisante. Ses cheveux à eux seuls, d'une blondeur satinée, suffisaient à accrocher le regard. Son pantalon de cavalier noir, pour sa part, mettait en valeur des jambes interminables et une silhouette gracile.

Oui, reconnut-il en silence, c'était une très belle femme. Mais le plus surprenant était encore que Guthrie, d'un naturel renfrogné, semblait apprécier sa présence. Il l'avait même prise familièrement par le coude, tout en la guidant à travers la cour, et riait des propos qu'elle lui tenait.

Décidant qu'il était inconvenant de continuer à jouer les voyeurs, Alex descendit et claqua la porte du Range Rover. Ainsi qu'il l'avait espéré, le bruit attira l'attention du couple. Il crut lire une certaine appréhension sur le visage de la jeune femme, mais elle disparut presque aussitôt sous un sourire éclatant, au point qu'il se demanda s'il ne se l'était pas imaginée.

— Voici Mme Hugues, annonça Guthrie lorsque tous deux arrivèrent à sa hauteur. Kate, laissez-moi vous présenter le grand patron, monsieur Kellerman.

Alex la salua d'un signe de tête, oubliant momentanément son mal de crâne pour l'étudier plus attentivement.

— Je suppose que l'entretien s'est bien passé? observa-t-il d'un ton gentiment moqueur. Vous vous intéressez aux chevaux, madame Hugues?

— Pas particulièrement, répondit-elle avec une franchise qui le surprit. Mais le poste que vous offrez a retenu mon attention. J'ai très envie de travailler chez vous. Je suis sûre que j'apprendrai énormément ici!

— Certainement. Où travaillez-vous, en ce moment?

— Je ne...

Kate n'eut pas le temps de terminer sa phrase, car Guthrie l'interrompit avec une impatience visible.

— J'ai déjà posé toutes ces questions à Mme Hugues.

Alex opina du chef, incapable cependant de réprimer un sourire. Son régisseur était à n'en pas douter ravi de l'entretien qui venait de se dérouler. De toute façon, c'était lui qui travaillerait avec elle, et lui encore qui la renverrait si elle ne faisait pas correctement son travail.

— Entendu, Sam. Je vous fais entièrement confiance. Très heureux d'avoir fait votre connaissance, madame Hugues.

Abandonnant ses interlocuteurs, il traversa la cour en sens inverse et gagna le bâtiment principal. Son cœur battait un peu plus vite que d'ordinaire, et il se demanda pourquoi cette rencontre l'avait à ce point troublé. Etait-ce la légère ressemblance entre Alicia Sawyer et Kate Hugues ? Ou était-ce cette façon étrange qu'elle avait eue de le regarder ?

Il n'était pas prétentieux au point de croire qu'il lui avait plu. Cependant, il aurait juré avoir lu dans ses yeux un intérêt prudent, en partie dissimulé... Bah ! Sans doute s'agissait-il d'une simple curiosité, décida-t-il. Car il y avait fort à parier que cette Mme Hugues connaissait parfaitement son histoire et les rumeurs qui avaient couru sur son compte. Tous les habitants des environs n'avaient-ils pas *leur* version de la mort de Pamela ?

Sa propre attitude après l'accident n'avait d'ailleurs fait que renforcer leurs spéculations. Et lui avait valu de perdre Rachel. Comment avait-il pu laisser ses beaux-parents la lui retirer ? se demanda-t-il pour la énième fois.

Serrant les dents, il détourna ses pensées de cette pente dangereuse. Il lui fallait garder la tête froide, et songer à protéger ses intérêts. Conrad Wyatt avait déjà assez entamé sa réputation sans qu'il lui donnât de nouveaux arguments pour poursuivre son travail de sape. Il devait à cet égard se montrer prudent avec Lacey, et éviter tout nouveau scandale. A cette seule condition, il pourrait espérer récupérer la garde de sa fille...

Une semaine s'écoula avant qu'il revît enfin Kate Hughes. Sam Guthrie lui avait annoncé qu'il l'avait engagée, insistant sur le fait qu'elle semblait particulièrement intelligente, et qu'il serait bon d'avoir de nouveau une femme capable à la propriété.

Alex, cependant, n'était pas sûr de partager cet avis. Si

l'on exceptait ses quelques dérapages avec Lacey Sheridan, il n'avait guère eu de temps à consacrer à la gent féminine depuis la mort de Pamela. Sa principale préoccupation avait été de restaurer sa réputation, singulièrement écornée par l'accusation de meurtre portée contre lui par son beau-père.

L'accident de Pamela l'avait totalement anéanti, l'empêchant de réagir comme il le faisait habituellement en cas de crise. Pour commencer, les médecins lui avaient appris qu'elle était enceinte. Nul besoin d'être grand sorcier pour deviner que l'enfant était d'un autre... Au moment de l'accident, en effet, Alex n'avait plus touché sa femme depuis près de six mois. Tous deux faisaient chambre à part, et seule l'existence de leur fille Rachel les avait retenus de divorcer.

Mais cette affaire appartenait au passé, désormais. Il se devait d'aller de l'avant, et de ne pas se montrer excessivement méfiant à l'égard de Kate Hugues sous le seul prétexte qu'elle était séduisante. Evidemment, il ne pouvait se départir de l'idée qu'elle s'était introduite dans la propriété pour le compromettre dans le procès qui l'opposait à son beau-père. Mais si Conrad Wyatt était capable de tout, il n'était pas assez retors pour élaborer un plan aussi vicieux.

Malgré sa décision de ne pas sombrer dans la paranoïa, Alex ne put s'empêcher d'éprouver des sentiments mêlés lorsqu'il croisa Kate à la fin de la semaine suivante, dans les écuries. Vêtue du même pantalon noir et moulant qu'il lui avait vu porter le jour de l'entretien, elle était occupée à recouvrir de paille le sol d'une stalle vide.

Il se rembrunit aussitôt. La jeune femme n'était pas payée pour ce travail. Profitait-elle de son poste pour glaner des informations sur le domaine ?

Presque aussitôt, son bon sens reprit le dessus. Que risquait-il ? Ses palefreniers occupaient les écuries, et

Guthrie lui-même se trouvait non loin de là, discutant avec un fournisseur près de la grange.

Kate dut entendre le claquement de ses talons sur le sol de béton car elle se redressa brusquement, prenant appui sur sa fourche. Alex constata que son pull d'angora ne dissimulait rien des contours généreux de ses seins, et il sentit sa virilité se rappeler à lui. Ce qui ne fit qu'ajouter à son irritation, bien sûr.

— Puis-je savoir ce que vous faites, exactement ?

Il avait conscience d'avoir parlé sèchement, mais il ne se sentait guère enclin aux mondanités après la semaine qui venait de s'écouler. Son avocat lui avait en effet appris que le procès pour la garde de Rachel avait de nouveau été ajourné. Conrad manœuvrait habilement, et profitait sans doute de ce délai supplémentaire pour monter sa propre fille contre lui. Agée de quatre ans à peine, Rachel était terriblement malléable, et l'avocat des Wyatt avait commencé d'insinuer au tribunal qu'elle se souvenait à peine de son père.

Pour couronner le tout — et ajouter à son humeur massacrante —, Lacey s'était offusquée du refus qu'il avait opposé à l'une de ses invitations. S'il appréciait sincèrement sa voisine, il regrettait amèrement d'avoir laissé leur relation dépasser le stade de l'amitié.

— Je ne vous paie pas pour nettoyer les stalles, reprit-il comme la jeune femme posait sur lui un regard surpris. A moins que ce ne soit votre façon de passer la pause-café ?

— J'avais terminé ce que j'avais à faire, M. Guthrie était occupé, et j'ai pensé que je pourrais donner un coup de main à Billy, expliqua l'intéressée en haussant les épaules avec désinvolture. Ça vous pose un problème ?

— Effectivement, ça me pose un problème. Et je ne suis pas un de vos amis, madame Hugues. C'est peut-être la façon dont vous leur parlez, mais vous feriez bien de vous rappeler où vous êtes.

— Je suis désolée, marmonna Kate en baissant les yeux. Je ne pensais pas à mal...

Elle parut soudain étonnamment vulnérable, et Alex se maudit en silence de s'être montré aussi discourtois.

— Non, c'est moi qui suis désolé, maugréa-t-il. Je n'ai pas pour habitude de passer mes frustrations sur mes employés.

— Vos frustrations ?

Comprenant que son propos pouvait être mal interprété, Alex se hâta d'expliquer :

— Je veux simplement dire que je ne suis pas de très bonne humeur.

Kate s'humecta les lèvres et le dévisagea d'un air interrogateur.

— Un problème familial, déclara-t-il à contrecœur, s'interrogeant sur les raisons qui le poussaient à se confier à une parfaite inconnue.

— Ce sont les pires, répondit-elle avec un sourire compatissant. J'en déduis que vous n'allez pas me renvoyer aujourd'hui ?

— Je vais y réfléchir. Dois-je comprendre que vous voulez rester ?

— Pourquoi voudrais-je partir ?

Elle lui adressa un nouveau sourire, plus charmeur cette fois, et Alex se demanda si c'était ainsi qu'elle avait décroché le poste de secrétaire de Guthrie.

— Excusez-moi, dit-il brusquement, songeant qu'il se montrait trop familier avec elle. J'ai du travail.

Il s'éloigna sans attendre sa réponse, mais il aurait juré qu'elle le suivait des yeux. Le regard qu'elle posait dans son dos était presque palpable, au point qu'il sentit un frisson naître entre ses omoplates. Que lui arrivait-il ? Il se comportait comme le dernier des imbéciles, et sa soudaine envie d'en savoir plus sur la vie privée de Kate Hugues était parfaitement stupide. N'avait-il pas assez de soucis comme ça ?

En dépit de sa résolution de ne plus penser à elle, elle lui occupa l'esprit toute la journée, et seule sa détermination hors du commun l'empêcha d'aller interroger Guthrie à son sujet. Pourtant, ce dernier, de caractère très scrupuleux, avait certainement constitué un dossier détaillé à son sujet...

Mais que Kate fût mariée ou non ne le regardait pas. Certes, il avait noté qu'elle ne portait pas d'alliance, mais cela signifiait-il encore quelque chose, aujourd'hui ? Peu importait, de toute façon. Il n'avait aucune intention de se laisser entraîner dans une quelconque relation — avec une des employées, encore moins !

# 3.

Kate regarda Alex Kellerman s'éloigner avec un frisson d'appréhension. Malgré la façon un peu brusque dont il avait mis fin à leur conversation, elle était certaine d'avoir quelque peu gagné sa confiance. Non qu'il eût fait ou dit quoi que ce soit en ce sens. C'étaient ses silences, au contraire, qui éclairaient Kate sur l'humeur du maître des lieux.

Une nouvelle fois, elle se félicita de s'être présentée au domaine sous son nom de femme mariée. Personne ne ferait le rapprochement, ainsi, avec la Kate Ross qui exerçait le métier de détective privé à Montford. Ce changement d'identité n'était pas pour lui déplaire, car il lui procurait un sentiment de sécurité des plus appréciables.

Reprenant sa fourche, elle se remit à l'ouvrage avec un peu moins d'enthousiasme que précédemment. Ce court entretien avait été plus éprouvant qu'elle ne s'y était attendue, et elle constata avec surprise que ses mains tremblaient légèrement. La première conclusion qu'elle tirait de son enquête était qu'Alex Kellerman ne la laissait pas indifférente...

Alicia Sawyer avait-elle éprouvé le même sentiment ?

D'un geste plus brutal qu'efficace, Kate piqua de sa fourche le tas de paille qui se trouvait devant elle. N'avait-elle pas mieux à faire que de fantasmer sur son employeur? Car si ce qu'elle avait entendu dire sur son compte était vrai, il était bien le dernier homme à qui faire confiance !

En toute honnêteté, il lui fallait cependant reconnaître qu'elle n'avait rien appris à son sujet qui pût confirmer cette théorie. A croire qu'il s'était entouré d'un personnel uniquement recruté pour sa discrétion... Ces employés paraissaient en effet lui manifester une loyauté sans faille, mais Kate n'aurait su dire si ce sentiment était motivé par la crainte ou par l'admiration. La seule information qu'elle avait pu glaner durant cette première semaine tenait en peu de mots : Alex se battait actuellement pour récupérer la garde de sa fille. Kate avait d'ailleurs peine à comprendre pourquoi l'enfant lui avait été enlevée. Les Wyatt savaient-ils sur leur beau-fils des choses qu'elle ignorait ?

Peu lui importait, après tout. Elle n'était pas là pour spéculer sur les relations de son employeur et de ses beaux-parents, mais pour comprendre ce qu'il était advenu d'Alicia Sawyer. Et, jusqu'à présent, elle ne s'était pas montrée très efficace.

Henry Sawyer, de plus, verrait sans doute d'un très mauvais œil la sympathie instinctive qu'elle éprouvait à l'égard d'Alex Kellerman. Il s'était mis en colère lorsqu'elle lui avait fait part de l'avancement de ses recherches, une semaine plus tôt. S'entendre confirmer ce qu'il savait déjà, avait-il déclaré, ne l'intéressait pas. Kate estimait pourtant ne pas avoir perdu son temps. Elle avait enquêté auprès des banques, des hôpitaux, des administrations, et avait même montré la photo de la jeune femme dans les gares et les stations de bus. En vain, cependant. Comme l'avait affirmé son mari, Alicia paraissait s'être volatilisée.

— Que comptez-vous faire, maintenant? lui avait demandé Henry avec agressivité.

Elle n'avait su que répondre. Contre toute attente, son client avait alors produit la petite annonce correspondant au poste qu'elle occupait actuellement.

— C'était le travail d'Alicia, avait-il déclaré en jetant le journal sur son bureau. Pourquoi n'essayez-vous pas de postuler ?

Kate se rappelait encore l'incrédulité avec laquelle elle avait accueilli cette suggestion. Durant sa longue carrière, pas une seule fois son père n'avait opéré sous couverture. L'idée lui avait paru relever d'un film noir — ce qu'elle avait aussitôt tenté d'expliquer à Sawyer.

— Dans ce cas, avait rétorqué ce dernier, je veux récupérer mon argent. Vous n'avez travaillé que deux jours, je ne vous dois donc que deux cents livres et pas deux mille.

Kate, qui se refusait à priver sa fille de classe de neige, s'était vue contrainte d'accepter les conditions de son client. Elle s'en voulait encore d'avoir cédé si facilement, mais les arguments de Sawyer étaient imparables : travailler sur place était le meilleur moyen de glaner des informations.

C'était dans ce but très précis qu'elle tentait de se lier d'amitié avec l'un des palefreniers, Billy. Son dos et ses muscles lui faisaient mal, mais elle était certaine que Billy lui serait reconnaissant du coup de main qu'elle lui avait donné.

Le lendemain matin lui offrit la chance qu'elle avait tant espérée. Guthrie s'était absenté, la laissant seule dans le bureau. Aussi, lorsque Billy Roach vint annoncer qu'il avait terminé le nettoyage des écuries, lui proposa-t-elle aimablement de prendre un café en sa compagnie.

— J'ai déjà pris ma pause, madame Hugues, répondit le jeune garçon avec une grimace penaude.

Agé de seize ans, grand et dégingandé, Billy était le plus jeune employé du domaine. Ainsi que le moins intelligent, aux dires du régisseur...

— Je dois retourner travailler, maintenant, annonça-t-il, visiblement à regret.

— Allons, insista Kate en lui décochant un sourire charmeur. Tu ne vas pas me laisser prendre mon café toute seule ? J'espérais que tu resterais un peu...

— Je... j'en serais ravi, marmonna le jeune homme. Mais j'ai du travail. Et si M. Guthrie me trouve ici en revenant...

— Ne t'en fais pas.

Tout en le rassurant, Kate ferma la porte. Puis elle se retourna vers lui pour préciser d'un ton complice :

— Il est parti à Bristol. Il ne reviendra pas avant cet après-midi.

— Mais... je crois que les autres hommes n'aimeront pas ça...

— Eh bien, pendant que tu y réfléchis, je te sers une tasse de café. Détends-toi. Si quelqu'un vient, je dirai que c'était mon idée.

Malgré tout, Billy ne paraissait pas à son aise, et Kate comprit qu'elle allait devoir jouer serré.

— Si ça peut t'être d'une quelconque consolation, je suis sûre que M. Kellerman ne verrait aucune objection à ce que tu te reposes un peu. Il m'a paru très impressionné par ton travail lorsque je lui ai parlé, hier.

— Vraiment ?

Billy posait à présent sur elle un regard avide, et Kate dut faire taire la culpabilité qu'elle ressentait, avant de reprendre :

— Bien sûr. Il a laissé entendre que tu étais l'un des meilleurs employés.

L'intéressé se fendit d'un sourire lunaire, accepta la tasse qu'elle lui tendit et prit place sur le rebord de son bureau, toutes craintes momentanément oubliées.

— Ça, c'est une chouette nouvelle ! Et dire que je croyais que M. Guthrie me prenait pour un idiot ! Hmm, peut-être bien que je devrais demander une augmentation. Vous savez, on n'est pas très bien payés, ici. Si je ne vivais pas chez mes parents, je n'aurais pas assez d'argent pour payer un loyer.

— Eh bien... je ne crois pas que le moment soit idéal pour demander une augmentation, fit valoir Kate avec un sourire crispé. A ta place, j'attendrais l'année prochaine. Tu sais que les finances ne sont pas au mieux, en ce moment.

— Elles ne sont jamais au mieux, grommela Billy, piquant du nez dans sa tasse de café.

Avisant son expression résignée, la jeune femme retint un soupir de soulagement et se promit en silence de ne plus employer ce genre de tactique.

— Je... je suppose que ce n'est pas facile pour M. Kellerman, reprit-elle d'un ton qui se voulait détaché. Je veux dire, depuis la mort de sa femme... Il a dû s'en remettre difficilement.

— Vous aimez bien M. Kellerman, pas vrai ? s'enquit Billy, se méprenant sur le sens de sa question. Toutes les femmes aiment M. Kellerman.

— Oh non, c'était juste une question comme ça ! En fait, M. Guthrie m'a dit que le domaine connaissait pas mal de problèmes.

Guthrie ne lui avait jamais rien dit de tel, mais Billy n'était pas supposé le savoir.

— Des problèmes ? répéta-t-il.

L'espace d'un instant, il afficha une mine de parfaite incompréhension, et Kate se demanda si elle ne perdait pas son temps avec lui. Puis, le jeune homme fronça les sourcils et lui décocha un regard pensif.

— Je suppose que vous parlez du départ d'Allie ?

A la mention de ce nom, Kate retint son souffle. Elle se sentait comme un joueur de poker qui vient de tirer une carte maîtresse et ne sait comment la jouer. Car « Allie » était certainement Alicia Sawyer.

— Allie ? répéta-t-elle, tentant de ne rien trahir de son intérêt.

Billy hocha la tête, puis avala une gorgée de café avec une lenteur désespérante. Contenant son impatience, Kate sourit de plus belle et planta ses ongles dans le dossier d'une chaise.

— Mme Sawyer, expliqua enfin le palefrenier, s'essuyant la bouche d'un revers de manche. La personne qui travaillait ici avant vous. Elle aimait bien que je l'appelle Allie. Elle disait que ça lui rappelait son enfance.

— Et tu dis qu'elle est partie ? Elle a été renvoyée ?

— Non, répondit Billy, visiblement indigné. M. Guthrie n'aurait jamais fait une chose pareille. Il l'aimait bien.

— Vraiment ? Alors, c'est elle qui est partie ?

— Partie, c'est ça. Sans même dire au revoir. M. Kellerman pense que...

Il s'interrompit brusquement, jetant un regard horrifié par la fenêtre.

— M. Kellerman ! s'exclama-t-il. Il vient par ici ! Mon Dieu, qu'est-ce que je vais devenir ?

— Tu ne faisais rien de mal, déclara Kate avec un certain agacement. Et s'il y a un problème, j'en prendrai la responsabilité.

Mais, déjà, le palefrenier ne l'écoutait plus. Il se rua sur la porte, l'ouvrit et décocha un sourire nerveux à son employeur, qui gravissait au même instant les marches menant au bureau.

— J'ai fini les étables ! Je... j'allais justement repartir au travail !

Kellerman fronça les sourcils, mais Billy déguerpit avant qu'il pût émettre le moindre commentaire. Il le suivit cependant des yeux quelques instants, avant de pénétrer dans le bureau.

— Quelque chose ne va pas ? interrogea-t-il en refermant la porte derrière lui.

Kate déglutit péniblement, luttant pour conserver son sang-froid. Ainsi qu'elle l'avait redouté, Alex posa son regard d'aigle sur les tasses de café.

— On dirait que j'ai interrompu quelque chose...

— Bien sûr que non. Je... j'ai simplement proposé à Billy de prendre une tasse de café avec moi. Il cherchait M. Guthrie.

— C'est tout ?

— Oui, c'est tout, répondit Kate avec une certaine raideur.

Puis, se rappelant qu'elle était supposée gagner sa confiance, elle se força à sourire et ajouta :

— Je suppose que je n'aurais pas dû, mais je m'ennuie dans ce grand bureau, lorsque M. Guthrie n'est pas là.

— Vraiment ?

Sa réponse n'était guère encourageante, et la jeune femme décida de se réfugier derrière sa table de travail. Une peur irrationnelle s'était emparée d'elle, encore qu'elle n'aurait su dire ce qu'elle redoutait exactement. Qu'il découvrît sa véritable identité, ou qu'il fût véritablement un assassin ?

— J'espérais que vous n'aviez pas entendu les rumeurs, reprit-il au même instant. Mais j'imagine que c'était illusoire.

— Je... je vous demande pardon ?

Avait-il surpris sa conversation avec Billy ? Les avait-il espionnés, avant de se décider à trahir sa présence ? A cette seule idée, Kate sentit ses jambes se mettre à trembler. Puis elle se morigéna intérieurement. Si elle souhaitait réussir dans le métier de détective, il lui fallait cesser de paniquer à la moindre contrariété. Elle n'avait rien à se reprocher, après tout !

Rien — si ce n'était d'avoir postulé à ce poste sous un faux prétexte. Et d'avoir en partie menti sur son identité...

Dans un silence pesant, Kellerman s'approcha du bureau. Il était vêtu de noir, et Kate se demanda fugitivement si c'était la raison pour laquelle il lui paraissait si inquiétant. En tout cas, à en juger par son polo ouvert sur un torse qu'elle devinait musclé, il n'était guère sensible au froid.

Rassemblant son courage, elle se força à affronter son regard — pour le regretter aussitôt. Ses yeux scintillaient tels deux éclats d'onyx dans son visage dur, mais infiniment séduisant. Comment devait-elle interpréter cette lueur glaciale? S'agissait-il de malveillance? Ou d'un pâle reflet du feu intérieur qui semblait animer cet homme?

— La mort de ma femme, déclara-t-il d'une voix grave, qui la fit sursauter légèrement. C'était bien à ce sujet que vous cuisiniez ce pauvre Billy, n'est-ce pas? ajouta-t-il en se penchant vers elle, les deux mains appuyées sur le bureau. Vous vouliez en connaître tous les détails?

— N-Non, bafouilla Kate, désorientée par sa virulence. Je... L'accident de votre femme ne me regarde pas. De toute façon, je suppose que Billy ne travaillait pas encore chez vous lorsque c'est arrivé?

— En effet. Il n'est ici que depuis un an. Mais il a eu l'occasion d'en discuter avec mes autres hommes.

— Peut-être. Toujours est-il qu'il n'en a pas discuté avec moi. Ne seriez-vous pas un tantinet paranoïaque, monsieur Kellerman? Les gens ont d'autres centres d'intérêts dans la vie que l'accident de votre épouse, vous savez.

L'intéressé fronça les sourcils, parut réfléchir quelques instants, puis consentit à sourire.

— Sans doute. Mais j'ai parfois l'impression qu'ils ne parlent que de ça. Je suis peut-être un peu excessif.

A son grand dam, Kate se sentit prise d'un soudain

désir de le rassurer. Cet homme, qui lui avait inspiré une peur panique quelques instants plus tôt, éveillait à présent en elle une compassion involontaire. S'il était innocent, les suspicions qui pesaient sur lui devaient être difficiles à supporter.

— Hmm... C'est compréhensible, marmonna-t-elle avec un haussement d'épaules.

Avisant la cafetière, elle proposa après un bref silence :

— Puis-je vous offrir une tasse de café ?

Il parut d'abord sur le point de refuser. Mais toute trace de tension disparut brusquement de son visage, et il hocha la tête.

— Volontiers.

Kate regretta son offre lorsqu'elle dut se lever et passer tout près de lui. Il portait un parfum musqué et enivrant, auquel se mêlait la froide odeur de l'hiver. Un frisson la parcourut, et elle dut tenir à deux mains la tasse qu'elle lui tendit pour ne pas trahir l'effet qu'il lui faisait.

— Vous avez du sucre ? s'enquit-il avec un sourire affable qui acheva de la désorienter.

— Oh, bien sûr, excusez-moi... J'ai également du lait, si vous voulez.

— Non. Je prends mon café noir. Hmm, ajouta-t-il après avoir porté sa tasse à ses lèvres. C'est délicieux. Un peu bouilli, mais très aromatique.

— Vous n'aimez pas mon café ! bougonna Kate. Je peux en refaire, si vous voulez.

— Non. Ça me va très bien. Puis-je m'asseoir ?

— Bien sûr. Vous êtes chez vous.

— C'est vrai.

Avec une grimace, Alex s'installa dans un fauteuil près du radiateur et étendit ses longues jambes.

— Ouf, c'est mieux... Alors, si vous me disiez ce que Roach faisait ici ?

En silence, Kate retourna lentement vers son propre

siège. Elle aurait dû soupçonner qu'il n'abandonnerait pas la partie aussi facilement.

— Roach? répéta-t-elle pour gagner du temps. Oh, vous voulez dire Billy? Eh bien, je ne me souviens pas très bien...

— Vous avez dit qu'il voulait voir Guthrie, lui rappela Kellerman, dardant sur elle un regard perçant.

— Oh, oui, c'est exact. Vous le cherchiez également?

— Non. C'est vous que je cherchais.

— Moi? murmura Kate, reposant sa tasse de café sans y avoir touché. Pourquoi? Quelque chose ne va pas?

— C'est votre impression?

Elle hésita, comprenant en cet instant seulement l'étendue du risque qu'elle avait pris en acceptant cet emploi.

— Je pensais simplement qu'il était temps que nous fassions connaissance, reprit Alex, dénouant brusquement la tension qui régnait dans la pièce.

— Oh. Mais M. Guthrie ne vous a pas...

— Si, bien sûr. Il ne tarit pas d'éloges à votre sujet. Mais je suppose que vous savez à quel point vous l'avez charmé.

— Ce qui n'est pas votre cas.

Sitôt qu'elle eut parlé, Kate s'empourpra jusqu'aux oreilles. Pourquoi diable avait-elle dit une chose pareille?

— Enfin, je veux simplement dire que... que vous semblez... avoir un problème avec mon travail. Je me trompe?

— Oui. Personnellement, je n'ai aucun problème. C'est vous qui risquez d'en avoir du fait de votre présence ici.

— Je... je ne comprends pas, marmonna Kate en se crispant instinctivement.

— Eh bien, vous risquez d'être en but à des jugements hâtifs. Je n'ai pas très bonne réputation, vous savez.

— Oh, je vois. Non, je... je ne crains rien de tel.

— Vous ne me considérez pas comme le mal incarné ? Vous ne pensez pas que j'ai tué ma femme pour mettre la main sur sa fortune ?

— Sa fortune ?

— Ah, vous n'aviez pas entendu parler de cette partie de l'histoire. Le père de Pamela avait investi dans mes affaires, et il n'aurait pas manqué de retirer ses billes en cas de divorce. Voilà pourquoi j'aurais tué mon épouse, faisant passer sa mort pour un accident.

— Je suppose que ça a dû être très difficile pour vous...

— C'est ce que tout le monde dit.

— Et ce n'est pas le cas ? repartit Kate, captivée malgré elle par la tournure de la conversation.

— Pas vraiment, déclara Kellerman avec un haussement d'épaules. La mort de Pamela fut un choc, mais notre couple avait fait naufrage depuis bien longtemps. Ce n'est pas au moment de l'accident que j'ai le plus souffert.

La jeune femme ne sut que répondre. Jamais elle ne s'était imaginée avoir cette discussion avec le célèbre Alex Kellerman.

— Enfin, je ne suis pas venu ici pour parler de moi, enchaîna-t-il avec un entrain exagéré. A votre tour. Dites-moi ce que vous faisiez avant d'être embauchée ici.

— Je travaillais pour mon père. Il était... dans les assurances. A Bath, précisa Kate pour ajouter du poids à son mensonge.

— Hmm. Et vous n'avez pas voulu continuer dans cette voie ?

— Non. Les choses n'étaient plus les mêmes après sa mort.

Il parut accepter son explication, mais continua de la dévisager d'un air spéculatif. Etait-ce son imagination, ou se méfiait-il de ses réponses comme elle se défiait des siennes ?

— Je ne comprends toujours pas pourquoi vous avez postulé ici. Il n'y a rien de très excitant dans un travail de gestion. Et vous n'avez pas beaucoup de responsabilités.

— Je ne brigue pas les responsabilités, déclara Kate, se retenant de préciser qu'elle en avait eu plus que son lot. Je voulais juste un emploi, et il y a peu de gens qui soient disposés à employer quelqu'un de mon âge.

A ces mots, Kellerman lui jeta un regard moqueur.

— Quel âge avez-vous ? Trente ans à peine ?

— Je voulais dire que les employeurs préfèrent en général embaucher des candidats frais émoulus de l'université, expliqua-t-elle maladroitement. Je ne cherchais pas à ce que vous me complimentiez. Ce n'est pas du tout mon genre.

— Et quel est votre genre ? Je me le demande... Etes-vous de celles qui sont excitées par l'idée de coucher avec un assassin ?

— Vous n'êtes pas un assassin ! se récria Kate, sans même songer à lui reprocher la première partie de son accusation.

— Voilà un cri du cœur. Qu'en savez-vous ?

Rien, bien sûr, d'autant plus qu'elle avait été préparée à croire le pire quelques instants plus tôt.

— Je le sais, murmura-t-elle. Croyez-vous que j'aurais accepté ce travail si je pensais une seule seconde que vous... que vous...

— Que j'ai tué ma femme ? suggéra-t-il d'un ton suave.

La jeune femme acquiesça à contrecœur puis, sentant qu'il lui fallait se justifier, expliqua :

— Mon père disait toujours que j'étais très bon juge du caractère d'autrui.

— Votre père... Etait-il aussi crédule que vous ?

— Je ne crois pas être crédule, monsieur Kellerman. Simplement, je suis prête à accorder à quelqu'un le bénéfice du doute.

— C'est fort aimable, ironisa son vis-à-vis en quittant son fauteuil. Et pensez-vous que votre père aurait été satisfait de votre position ici ? Il n'est pas flatteur pour quelqu'un d'aussi intelligent que vous de se contenter d'enregistrer des chiffres dans un ordinateur.

— Peut-être ne suis-je pas aussi intelligente que vous le croyez ?

En deux enjambées, Alex franchit la distance qui les séparait. Instinctivement, Kate rentra la tête dans les épaules.

— Ou peut-être l'êtes-vous trop à mon goût, assena-t-il, tapant du plat de la main sur la table. Je ne suis pas stupide, madame Hugues, quoi que votre rédacteur en chef en pense.

Kate ferma fugitivement les yeux. Elle en aurait pleuré de soulagement...

— Je n'ai pas de rédacteur en chef, monsieur Kellerman, annonça-t-elle posément. Je ne suis pas journaliste.

— Vous pouvez le prouver ?

— Si je peux... ? Vous n'avez qu'à regarder dans mon sac. Je n'ai pas de carte de presse.

Son employeur, cependant, balaya sa proposition d'un geste.

— Inutile. Vous ne garderiez pas un tel document sur vous. Vous me jurez que vous ne travaillez pas pour les médias ?

— Oui.

Malgré son soulagement, Kate ne pouvait s'empêcher de trembler. Alex avait porté ses soupçons dans la mauvaise direction, mais il avait fait preuve d'une perspicacité troublante en supposant qu'elle opérait sous couverture.

— C'est bon, marmonna-t-il enfin, après l'avoir dévisagée pendant de longues secondes. Mais si je m'aperçois que vous m'avez menti...

Il laissa sa menace en suspens, et Kate acquiesça nerveusement.

— C'est parfaitement clair, monsieur Kellerman.

Comprenant qu'elle le congédiait, il eut le bon goût de ne pas lui imposer davantage sa présence. Sans un mot, il tourna les talons et sortit en claquant la porte derrière lui.

Alors, seulement, Kate se laissa aller contre le dossier de son siège, le cœur battant. A présent que l'étau s'était resserré autour d'elle, il n'était plus question de faire le moindre faux pas.

Car elle venait de comprendre, un peu tardivement, qu'Alex Kellerman était bien plus dangereux qu'elle ne l'avait supposé.

# 4.

Haletant sous l'effort, Alex souleva les haltères une dernière fois. Puis il les reposa sur leur support et resta allongé, immobile, attentif aux heurts de sa respiration. Les deux heures d'exercice qu'il venait de s'infliger lui avaient prouvé qu'il n'était pas au meilleur de sa forme — même s'il n'avait pas ménagé ses efforts.

Avec une grimace de douleur, il se redressa. Une bonne douche, voilà ce qu'il lui fallait pour le remettre d'aplomb. Après quoi, il irait voir Rachel, afin de profiter des visites supplémentaires que la cour lui avait accordées. Evidemment, il aurait préféré pouvoir la rejoindre en terrain neutre plutôt que de devoir passer la chercher chez les Wyatt. Mais puisqu'il n'avait pas le choix...

Après avoir éteint la lumière, il quitta la salle de gymnastique aménagée au sous-sol de la maison et se rendit directement au premier étage. Tout en montant, il se surprit à songer à Kate Hugues. Il l'avait traitée de façon si peu courtoise, la veille... Devait-il s'en excuser auprès d'elle ? Peut-être le comprendrait-elle s'il lui expliquait le mal qu'il avait à récupérer la garde de sa fille.

Abandonnant sa tenue baignée de sueur sur son lit, il passa dans la salle de bains et prit une douche rapide. Puis il enfila en hâte une chemise propre et un costume, et se mit en route.

Ce fut avec un pincement au cœur qu'il franchit les portes de Wyvern Hall, la propriété des Wyatt. Sa femme avait beau l'avoir trahi, il ne pouvait songer sans émotion au fait qu'elle était née ici, que c'était là qu'il avait fait sa connaissance. Peu après leur mariage, Conrad avait même suggéré que tous deux, à sa mort, pourraient emménager à Wyvern Hall.

Alex avait refusé, et c'était à partir de cet instant que ses relations avec son beau-père avaient commencé de se dégrader. Il s'était cependant efforcé de demeurer courtois avec ce dernier, ce dont il avait été fort mal récompensé. Conrad Wyatt l'avait en effet accusé d'avoir manigancé l'accident de sa fille. Et même la mère de Pamela, restée jusque-là relativement neutre, avait été obligée de se ranger à son côté.

Il n'y avait pas à s'étonner, dans ces circonstances, qu'il eût été à ce point anéanti. Son univers s'était écroulé, et même l'alcool n'avait pu lui apporter l'oubli et la consolation. Conrad avait eu beau jeu, après cela, d'obtenir la garde de Rachel, arguant du fait qu'il n'était pas en état de s'occuper de sa fille...

Ses mains se crispèrent sur le volant sous l'afflux des souvenirs. Puis il se força à se détendre, conscient du fait qu'il ne gagnerait rien à se montrer agressif avec Conrad. Il devait au contraire convaincre les Wyatt qu'il était parfaitement à même d'élever sa fille.

Ce fut Julia Wyatt qui vint lui ouvrir. Alex se raidit instinctivement. Pourquoi n'avait-elle pas envoyé l'un des nombreux membres de son personnel ?

— Oh, c'est vous ! s'exclama-t-elle comme si elle ne s'était pas attendue à le voir. J'ai bien peur que nous n'ayons pas de très bonnes nouvelles pour vous. Rachel... Rachel ne se sent pas bien.

Prenant une profonde inspiration, Alex glissa ses poings dans ses poches. Il avait prévu d'aller promener sa fille au parc, puis de l'emmener déjeuner à Jamaïca Hill. Dans l'après-midi, tous deux auraient visité les écuries, où un adorable poulain venait de naître.

Mais ces projets semblaient singulièrement compromis...

— Pas bien ? répéta-t-il sèchement, n'éprouvant que mépris pour un stratagème aussi grossier.

— En fait, elle n'est pas vraiment malade, corrigea Julia en jetant un regard nerveux par-dessus son épaule. Mais elle a pris un petit coup de froid, et je ne crois pas qu'il soit très prudent qu'elle sorte par un jour tel que celui-ci.

— *Vous* ne pensez pas ? ironisa Alex, persuadé qu'il s'agissait d'une idée de son mari. Puis-je la voir ?

— Oh, je ne sais pas si...

Julia s'interrompit brusquement comme la voix de Conrad retentissait derrière elle.

— Qui est-ce ? Il fait bien trop froid pour laisser la porte ouverte.

Le maître des lieux apparut sur le seuil et, avisant Alex, se rembrunit.

— Oh, c'est vous... Mon épouse ne vous a pas dit que Rachel ne pourrait pas sortir, aujourd'hui ?

— Si. Et je lui ai répondu que j'aimerais la voir quand même.

— Ce n'est pas possible, rétorqua aussitôt Conrad. Elle... hmm, elle dort. N'est-ce pas, Julia ?

Sa femme et lui échangèrent un regard entendu, puis il conclut :

— Voilà, Kellerman. Je suis désolé.

Alex hocha lentement la tête, la mâchoire crispée, se répétant qu'il devait rester calme. Il aurait aimé faire ravaler à son beau-père son sourire triomphal, mais Conrad n'attendait qu'un acte de violence de sa part pour persuader la cour qu'il était inapte à garder Rachel.

— Je suis désolé moi aussi, annonça-t-il enfin. Pourrez-vous m'appeler pour me dire comment elle se sent, demain ?

— Eh bien, oui, répondit Julia. Mais j'ai bien peur que...

— ... je ne puisse pas la voir demain non plus, je sais. Embrassez ma fille de ma part, voulez-vous ? Je pense que je peux au moins vous faire confiance pour ça ?

— Est-ce que vous sous-entendez..., commença Conrad avec colère.

Mais, déjà, Alex lui avait tourné le dos et se dirigeait à grands pas vers sa Range Rover. Il s'installa derrière le volant et démarra, résistant de justesse à l'envie de faire rugir le moteur et de laisser une grande trace de pneus sur le gravier blanc de la cour.

Sa tension se dissipa quelque peu lorsqu'il déboucha sur la route de Montford, laissant place à un profond abattement. En de tels moments, il avait envie de pleurer tout son soûl. Comment en était-il arrivé là ? Quel tournant crucial de sa vie avait-il manqué ?

Comprenant qu'il ne servait à rien de se morfondre, il décida de faire un détour par le domaine des Sheridan, dans l'espoir de se réconcilier définitivement avec Lacey. Il avait eu l'occasion de lui parler au téléphone, la veille, et sa voisine s'était montrée plus amène que les jours précédents.

Auparavant, il lui fallait passer à Jamaïca Hill prévenir sa gouvernante qu'il ne rentrerait pas déjeuner. Agnes avait promis de préparer un pudding au chocolat pour Rachel, et serait sans doute déçue d'apprendre que la petite fille ne venait pas.

En abordant les grilles de la propriété, il fut surpris d'apercevoir une adolescente à la mine indécise. Cette dernière se trouvait au beau milieu du passage, les yeux levés vers la maison que l'on apercevait au sommet de la colline. Elle paraissait hésiter à emprunter la grande allée goudronnée qui menait à la demeure.

Intrigué, Alex s'arrêta à sa hauteur et baissa sa vitre. La jeune fille portait une jupe plissée et une parka. Bien qu'il fût certain de ne l'avoir jamais vue, elle lui semblait vaguement familière. Mais sans doute ressemblait-elle à toutes ces adolescentes passionnées de chevaux qui venaient régulièrement proposer d'aider à l'entretien des écuries en échange de quelques heures d'équitation.

— Tu cherches quelque chose? interrogea-t-il en se penchant par la fenêtre.

La fille lui adressa un regard perplexe, puis marmonna :

— Je... je voulais voir ma maman. Elle s'appelle Kate.

— Kate Hugues?

La gamine rougit, et Alex en déduisit que sa mère lui avait certainement interdit de venir jusqu'ici.

— Kate Hugues, c'est ça.

— Je peux te conduire jusqu'à la maison, si tu veux.

— Oh, je ne...

— Je suis Alex Kellerman, coupa-t-il. Je suis sûr que ta maman t'a interdit de monter en voiture avec des étrangers, mais il se trouve que je suis le propriétaire de ce domaine.

— Je sais.

Sitôt qu'elle eut parlé, une expression alarmée voila le visage de la jeune fille, comme si elle regrettait son aveu.

— Alors? Je t'accompagne? insista Alex avec décontraction.

— Si ça ne vous dérange pas, ce serait cool.

*Cool*?

Amusé par son vocabulaire familier, Alex se pencha pour ouvrir la portière du côté passager.

— Monte, ordonna-t-il.

Puis, tandis qu'elle prenait place, il fronça les sourcils et demanda :

— Tu ne devrais pas être à l'école, au fait ?

— C'est ce que maman va dire, c'est sûr, marmonna la gamine avec une grimace craintive. Mais je n'y retournerai pour rien au monde. Pas aujourd'hui, en tout cas.

Alex lui jeta un regard de biais, heureux de cette diversion inattendue.

— Quelque chose ne va pas ? s'enquit-il en redémarrant. Tu ne pouvais pas attendre ce soir pour en parler à ta mère ?

— Ça aussi, elle va le dire... Vous savez, elle est très à cheval sur l'éducation, la discipline, les bonnes notes et tout ça... Mais, parfois, ce n'est pas si facile qu'elle le croit.

— Hmm... Il n'est pas toujours facile de faire comprendre aux gens ce que l'on ressent quand ils ont une idée en tête. Je parle en connaissance de cause.

— J'imagine, oui.

Une nouvelle fois, la jeune fille parut regretter ses propos et s'empourpra comme une pivoine.

— Je suis désolée. Ce n'est pas ce que je voulais dire. Je vous connais à peine, après tout.

— Beaucoup ne s'arrêtent pas à ce détail lorsqu'ils me jugent, observa Alex.

Puis, presque malgré lui, il sourit. Il n'était pas désagréable de rencontrer quelqu'un qui reconnaissait avoir des préjugés.

— Bon, puisque tu me considères comme une autorité en la matière, si tu me racontais ce qui te tracasse ? Je suppose que tu vas au collège de Montford ?

— Oui. Depuis un an.

— Et tu trouves les études trop dures, c'est ça ?

Sa question lui valut aussitôt un regard indigné de sa jeune compagne.

— Bien sûr que non ! s'exclama-t-elle. Enfin, pas particulièrement. Je ne suis pas très bonne en maths, mais je suis plutôt douée pour le reste. C'est justement le problème.

La demeure apparut à cet instant devant eux, et Alex regretta que le trajet n'ait pas été plus long. Il prenait un réel plaisir à bavarder avec la jeune fille, et répugnait à la laisser partir sans avoir tenté de lui venir en aide.

— Si tu me disais comment tu t'appelles, au fait ?

— Joanne.

— Bon. Qu'est-ce qui ne va pas, Joanne ? Les autres t'ennuient parce que tu es meilleure qu'eux ?

— Non.

Immobilisant la Range Rover dans la cour, Alex coupa le contact et adressa un sourire rassurant à la fille de Kate.

— Ne t'en fais pas. Quel que soit ton problème, je suis sûr que ta maman comprendra.

— Vous croyez ? On voit que vous ne la connaissez pas. Elle ne comprend pas à quel point il est difficile de se faire des amis quand on vous considère comme une mauviette. Est-ce que... est-ce que vous avez déjà fait des choses que vous avez regrettées, monsieur Kellerman ? Que vous voudriez oublier, mais qu'on vous rappelle sans cesse ?

Soudain méfiant, Alex fronça les sourcils. Que se passait-il ? Conrad Wyatt avait-il monté ce plan pour l'amener à se confesser ? Non, bien sûr, c'était absurde. Joanne était la fille de Kate Hugues. Et même Conrad répugnerait à utiliser une enfant pour arriver à ses fins.

— Ecoute, commença-t-il calmement, tout le monde fait des erreurs. Pour ma part, je me suis marié avec la mauvaise femme, mais je ne vais pas t'ennuyer avec ça. Ce que j'aimerais savoir, c'est ce que tu as fait de si grave. Quel âge as-tu, exactement ? Treize, quatorze ans ?

— J'ai douze ans, répondit l'intéressée avec hauteur. Et il n'est pas nécessaire d'être vieux pour enfreindre la loi. Oh, mon Dieu, maman va me tuer lorsqu'elle va savoir...

Alex cligna des yeux, oscillant entre l'amusement et la curiosité. Joanne était terriblement sérieuse, et paraissait persuadée d'avoir commis un crime. Pourtant, que pouvait-elle avoir à se reprocher ? D'avoir séché un cours ? Répondu à un professeur ? « Pris de la drogue ? » songea-t-il brusquement, avec un frisson d'alarme.

— Tu n'as pas... hmm...

— Je n'ai pas quoi ? demanda Joanne en tournant vers lui ses grands yeux, du même bleu que ceux de sa mère.

— Eh bien, tu n'as pas... fumé de la marijuana, ou ce genre de choses ? reprit-il avec un certain embarras.

— Vous êtes fou ! Bien sûr que non ! Et je n'ai jamais touché à la drogue, bien qu'on m'en ait proposé.

Alex écarquilla les yeux, franchement horrifié. Apprendre qu'une enfant de cet âge s'était déjà vu proposer de la drogue le laissait sans voix.

— Je... je suis heureux de l'entendre, marmonna-t-il enfin. En tout cas, si ce n'est pas une affaire de drogue, ce n'est pas si grave.

— Je voudrais bien vous y voir. Allez expliquer à maman que je ne suis pas une voleuse, et que je n'ai fait ça que pour...

A en juger par son expression, Alex comprit qu'elle regrettait d'en avoir trop dit. Joanne n'ajouta cependant rien pour sa défense, estimant sans doute qu'elle perdait son temps. Avec un haussement d'épaules, elle descendit de voiture et s'éloigna à travers la cour.

Il fallut quelques secondes à Alex pour constater qu'elle allait dans la mauvaise direction, ce qui n'avait rien d'étonnant puisqu'elle ne connaissait pas les lieux. Descendant à son tour, il la héla d'une voix forte.

— Eh ! Joanne ! Les bureaux sont de l'autre côté.

La jeune fille s'immobilisa, fit demi-tour et revint vers

lui avec une réticence visible. Presque au même instant, la porte du bureau de Kate s'ouvrit et la jeune femme en sortit, sourcils froncés.

— Joanne ? Que se passe-t-il ?

— Maman...

— Tu ne devrais pas être à l'école ? Il est à peine 11 heures. Il y a un problème ? Ta grand-mère...

— Grand-mère va bien, la rassura Joanne, la mine piteuse.

— Dans ce cas, pourquoi M. Kellerman...

— Je l'ai rencontrée sur la route et je lui ai proposé de l'accompagner jusqu'ici, expliqua Alex.

Tout en parlant, il s'était approché de Kate. En dépit de sa jupe longue et de son gilet de laine, elle frissonnait sous la morsure de l'hiver.

— Vous feriez bien de rentrer, reprit-il. Vous allez attraper froid.

— Pardon ?

Elle le dévisagea quelques secondes avant de comprendre, et il en déduisit qu'elle était plus inquiète qu'elle ne voulait le laisser paraître.

— Oh, oui, bien sûr... Viens, Joanne. J'ai justement préparé du thé chaud.

— Je suis invité ? interrogea Alex avec un sourire en coin.

— Oh, évidemment. Si vous voulez vous joindre à nous, monsieur Kellerman, ce sera avec plaisir.

Il hésita, puis secoua la tête.

— Non, merci. Une autre fois, peut-être. Au fait, soyez un peu moins exigeante avec votre fille. Elle traverse une période difficile.

Kate jeta un regard en arrière pour s'assurer que Joanne s'était éloignée, et riposta à voix basse :

— L'éducation que je donne à ma fille ne vous regarde pas, monsieur Kellerman. Et je ne crois pas que vous soyez en position de me juger.

Alex se crispa, d'autant plus touché par sa critique qu'il venait d'essuyer une rebuffade chez les Wyatt.

— Peut-être, reconnut-il froidement. Je ne faisais que vous donner mon avis. Si j'étais son père...

— Vous ne l'êtes pas. Le père de Joanne est mort, monsieur Kellerman. Il a été tué dans un accident de voiture alors qu'elle n'avait que deux ans.

— Je suis désolé...

— Pas moi. Et même si ça peut vous paraître dur, c'est ainsi. Car mon mari n'était pas seul, dans la voiture...

— Je vois...

Alex acquiesça, et la compassion sincère qu'il venait de manifester parut apaiser quelque peu la mauvaise humeur de la jeune femme.

— Pardonnez-moi, marmonna-t-elle avec une grimace gênée. Je me suis montrée impolie. Votre fille n'est pas avec vous ?

— Elle ne viendra pas.

Il n'avait même pas songé à s'étonner de la question. Les rumeurs allaient bon train, au domaine, et il n'avait pas caché à certains de ses proches collaborateurs la joie qu'il éprouvait à l'idée d'aller voir Rachel.

— Il n'y a rien de grave, n'est-ce pas ? interrogea Kate d'un ton compatissant. Elle viendra un autre jour ?

— Pas si mon beau-père peut l'empêcher, répondit Alex d'un ton faussement détaché.

Puis, parce qu'il se sentait pris d'une tentation croissante de se confier à elle, il tourna brusquement les talons.

— J'apprécie votre fille, déclara-t-il en guise de conclusion. Elle vous ressemble beaucoup, par certains égards.

# 5.

— Je ne suis pas sûre que ton père approuverait la tournure que prend ton enquête, déclara Ellen Ross au dîner, ce soir-là.

— Je ne vois pas ce que tu veux dire, maman, protesta Kate, se demandant si Joanne lui avait fait part du peu d'avancement de son affaire. Et si quelqu'un ici n'avait fait pas l'école buissonnière, nous n'aurions pas cette conversation.

— C'est exact, répondit sa mère en lançant un regard réprobateur vers Joanne. Mais qu'est-ce qui t'a pris de faire une chose pareille ?

— Je me suis laissé entraîner, marmonna la jeune fille. Je ne savais pas ce que les autres avaient en tête jusqu'au moment où nous sommes arrivées.

— Arrivées au Dalton Commercial Center, précisa sèchement Kate. Tu sais qu'il va falloir tout dire à M. Coulthard ?

— Il n'y a pas d'autre moyen, renchérit Ellen. Si tu avoues, je pense que le magasin ne portera pas plainte.

— Porter plainte ! se récria Joanne. Mais j'ai juste volé un tube de rouge à lèvres !

— C'est du vol malgré tout. Tu le sais, et c'est pour ça que tu n'as pas voulu retourner au collège.

— Je n'ai pas voulu retourner au collège parce que...

parce que les filles voulaient que je recommence. M. Coulthard ne va pas me demander de balancer les autres, pas vrai ?

— De les *balancer*? s'exclama Ellen Ross, horrifiée. Joanne, mais où as-tu appris à parler comme ça?

— A la télévision, expliqua Kate. Et M. Coulthard va certainement exiger que tu les dénonces.

— Oh, non... Je n'oserai plus jamais retourner en classe.

— Tu n'as pas vraiment le choix. Tu devras trouver le courage de dire à ces filles que tu n'es pas une voleuse. Tu as fait une erreur, c'est tout. Et si tes amies te reprochent d'être honnête, ce n'est pas la fin du monde. Tu t'en trouveras d'autres qui seront plus dignes d'estime.

— Facile à dire...

— Ecoute, soupira Kate en se levant pour débarrasser, je n'ai jamais prétendu que ce serait facile. J'aurais préféré que tu ne te trouves pas dans une situation pareille. Mais tu t'y es mise de toi-même. C'est à toi d'en sortir, maintenant.

— Hmm... Tu viendras avec moi voir M. Coulthard, demain ?

— Si j'ai le temps. Il faudra que je demande à M. Guthrie.

— Et à M. Kellerman, ajouta Joanne avec excitation. Tu aurais dû le voir, grand-mère ! Il est craquant.

— J'ai vu sa photo dans les journaux, déclara Ellen d'un ton détaché. Et « craquant » n'est pas le premier mot qui me vient à l'esprit.

— Bon. Mystérieux, alors, corrigea Joanne. Et sexy, avec ça ! Je suis sûre que même maman l'a remarqué...

— Joanne !

Les deux femmes s'étaient exclamées de concert, mais Kate ne put s'empêcher d'éprouver un soupçon de culpabilité. Se détournant pour dissimuler la touche de rougeur qui lui était montée aux joues, elle rappela sèchement à sa fille :

— Tu ne m'as toujours pas dit ce que t'avait raconté M. Kellerman. Ni comment tu en es venue à parler à un homme que tu ne connais pas.

— Oh là là ! Mais c'est l'Inquisition, ici ! J'étais devant le portail lorsqu'il est arrivé. Il m'a demandé ce que je faisais, et je lui ai dit que je te cherchais. Il m'a amenée jusqu'à la maison, c'est tout.

— Tu es montée dans sa voiture ! s'exclama Ellen Ross, horrifiée. La voiture d'un parfait inconnu ?

— Ce n'était pas un inconnu, puisque c'est le patron de maman. En tout cas, je le trouve très bien. Il m'a parlé comme à une adulte, au moins. Pas comme si j'étais une gamine stupide.

— Je ne te parle pas comme à une gamine, protesta aussitôt Kate, se demandant comment Kellerman avait pu aussi rapidement gagner les faveurs de sa fille. Tiens, prends ce torchon et aide-moi à essuyer la vaisselle, s'il te plaît.

Plus tard ce soir-là, cependant, lorsque Joanne fut couchée, Ellen Ross aborda de nouveau le sujet d'Alex Kellerman.

— Je pense toujours que tu as eu tort d'accepter ce poste à Jamaïca Hill. Tu te laisses entraîner par ton enquête. Tu ne sais rien de ce type, après tout, et je n'aime pas la façon dont il influence Joanne. Qui te dit qu'il n'est pas responsable de la mort de sa femme ? Quelqu'un a bien dû changer les chevaux de stalle, non ? Pourquoi pas lui ?

— Parce que s'il avait voulu tuer sa femme, déclara posément Kate, il aurait choisi un moyen plus efficace.

— Que veux-tu dire ?

— Maman, tu sais aussi bien que moi que les chances

de mourir d'une chute de cheval sont infimes. Il n'aurait pas pris le risque d'éveiller les soupçons pour un résultat aussi hasardeux.

— Depuis quand es-tu devenue experte de matière de chevaux? s'enquit sa mère avec agacement. J'ai bien l'impression que Joanne et toi vous êtes laissé prendre au charme de ce Kellerman. Méfie-toi de lui, Kate. Tu n'es pas infaillible, et je suis sûre qu'il s'agit d'un homme très intelligent.

La jeune femme le savait pertinemment, mais elle ne fit aucun commentaire. D'autant qu'elle soupçonnait sa mère d'avoir raison sur un point : Alex la fascinait, et la poussait presque insensiblement à baisser sa garde. Si elle ne se montrait pas vigilante, elle finirait par se trahir au plus mauvais moment... Or il y avait fort à parier que son employeur se montrerait sans pitié s'il découvrait sa véritable identité.

Réprimant un frisson d'appréhension, elle souhaita une bonne nuit à sa mère et monta se coucher. Il était encore tôt, mais Alex Kellerman accapara un long moment ses pensées avant qu'elle pût enfin trouver le sommeil.

Le lendemain matin, elle décida de se lever plus tôt que d'habitude pour passer à son bureau. Susie avait laissé deux lettres pour elle, bien en évidence. La première émanait de la société d'assurance qui l'employait habituellement, et qui lui demandait si elle était libre d'accompagner un de leurs experts à Bath, pour une inspection. La seconde, envoyée par le garage chargé de l'entretien de sa voiture, lui rappelait que son dernier contrôle technique aurait dû avoir lieu le mois passé.

« Encore des dépenses », songea Kate avec abattement. Les deux mille livres que lui avait avancées Henry Sawyer fondaient comme neige au soleil, et elle n'était pas près d'en gagner davantage à en juger par la tournure que prenait son enquête.

Elle considéra une nouvelle fois la lettre des Assurances Lindgard, puis griffonna une note expliquant qu'elle n'était pas disponible en ce moment. Elle n'aurait pas demandé mieux que d'accepter un travail facile, mais il lui fallait se consacrer entièrement à l'affaire Sawyer. Les enquêtes de Lindgard, de toute façon, étaient peu rémunératrices.

Quant au garage, il pourrait attendre. La vieille Vauxhall que lui avait léguée son père marchait encore, malgré sa carrosserie piquée de rouille et des suspensions qui avaient connu des jours meilleurs.

Après avoir vérifié qu'elle n'avait aucun message sur son répondeur, elle se décida enfin à quitter son bureau. Mais elle ne put s'empêcher de s'immobiliser sur le seuil, et de poser sur la pièce un regard mélancolique. Cet endroit lui manquait. Et elle en avait assez de mentir à Alex Kellerman.

Elle se morigéna aussitôt et chassa les doutes qui l'accablaient. Ce n'était certainement pas ainsi qu'elle mériterait l'argent de Sawyer. Alex était son suspect numéro un, elle ne devait pas l'oublier.

Dévalant l'escalier qui menait à la rue, elle tenta de dresser mentalement un plan d'action. Il lui fallait parler de nouveau avec Billy Roach. Car le palefrenier, elle en était persuadée, en savait plus sur la disparition d'Alicia qu'il n'en avait dit.

Avant tout, elle devait aller trouver Sam Guthrie et lui demander l'autorisation de s'absenter, en fin de matinée, pour accompagner Joanne chez le directeur du collège. Le régisseur serait sûrement fort mécontent d'apprendre qu'elle avait un enfant, détail qu'elle avait omis de préciser lors de son entretien d'embauche.

Ses réticences se muèrent en crainte, lorsqu'elle aperçut, en arrivant à Jamaïca Hill, la Range Rover d'Alex garée près des écuries. Tandis qu'elle immobilisait sa Vauxhall à côté de l'imposant 4x4, elle jeta un regard méfiant autour d'elle et, à son grand soulagement, constata qu'il n'y avait pas trace de son employeur. Seuls Billy et un autre employé étaient là, occupés à arroser la cour.

L'absence de Kellerman, songea-t-elle en descendant de voiture, laissait supposer qu'il se trouvait avec Sam Guthrie. Quelle déveine! Pourquoi avait-il choisi ce matin-là pour visiter les écuries?

Une douce chaleur l'accueillit lorsqu'elle pénétra dans son bureau. La journée s'annonçait belle mais froide, et elle fut reconnaissante à Sam d'avoir allumé le chauffage. Il n'y pensait pas systématiquement, et elle espéra qu'il s'agissait d'un signe de bon augure. L'Ecossais, aujourd'hui, était sans doute de bonne humeur...

Elle venait à peine de se débarrasser de son manteau lorsque la porte qui reliait son bureau à celui du régisseur s'ouvrit. Si Kate ne fut guère surprise de voir paraître Alex Kellerman, elle le fut en revanche beaucoup plus de constater qu'il était seul.

— Bonjour, dit-il avec un sourire cordial. Je voulais vous prévenir que Sam ne viendra pas, aujourd'hui. Sa femme a appelé pour dire qu'il ne se sentait pas très bien. Elle pense qu'il a la grippe.

Kate retint de justesse un soupir de dépit. Décidément, la journée s'annonçait mal...

— Quelque chose ne va pas?

Levant les yeux, elle croisa le regard inquisiteur d'Alex. C'était à présent à lui qu'elle devrait s'adresser pour obtenir l'autorisation de s'absenter.

— Tout... tout va bien, bredouilla-t-elle, cherchant désespérément un moyen d'aborder le sujet. J'espère que M. Guthrie se remettra rapidement.

— Moi aussi. Et jusque-là, j'ai bien peur que vous ne deviez me supporter.

Kate s'efforça de sourire et alla s'asseoir à son bureau. Puis elle fit mine de fouiller dans une pile de documents, priant en silence pour qu'Alex daignât enfin se retirer.

— Avez-vous parlé à Joanne ?

La simple présence de son employeur la mettait dans un tel état de tension nerveuse qu'elle ne put s'empêcher de sursauter lorsqu'il parla.

— Je... Ça ne vous regarde pas, monsieur Kellerman, riposta-t-elle avec une virulence destinée à masquer son trouble. Et si Joanne se présente de nouveau à Jamaïca Hill, je vous serai reconnaissante de lui rappeler qu'elle n'a rien à faire ici.

— En d'autres termes, vous préférez que je m'occupe de mes affaires. Parfait. Si c'est vraiment ce que vous voulez... Je n'ai pas envie d'être accusé de corruption de mineure, en sus du reste.

— Je ne vous accuse pas de corruption de mineure, ni de quoi que ce soit d'autre, rectifia Kate avec un soupir.

— Ah non ? C'est pourtant ce que j'avais cru comprendre.

— Vous vous trompiez. C'est juste que... la situation est un peu compliquée.

La jeune femme marqua une pause, hésitante, puis décida de se jeter à l'eau.

— En fait, je m'apprêtais à demander à M. Guthrie si je pouvais m'absenter deux heures, ce matin. Je dois aller au collège...

— Vous voulez dire... pour Joanne ? interrogea Alex avec un sourire.

— Bien sûr. Il faut que je voie le directeur.

— En tout cas, on peut dire que vous avez une drôle de façon de demander des faveurs.

— Je suis désolée, je...

— Ça va. Vous pouvez vous absenter aussi longtemps qu'il vous plaira. Et au risque de me mêler de nouveau de ce qui ne me regarde pas, y a-t-il quoi que ce soit que je puisse faire pour vous ?

— Je ne pense pas. Mais merci beaucoup. Mon rendez-vous est à dix heures. Je pensais partir vers neuf heures et demie.

— A votre aise. Je suppose que Joanne ira voir le principal avec vous ?

— Eh bien... En effet, reconnut Kate. Mais que vous a-t-elle dit, exactement ?

— Vous croyez que je vais trahir les secrets qu'elle m'a confiés ? ironisa Alex. C'est mal me connaître.

— Elle vous l'a dit, n'est-ce pas ?

— Dit quoi ?

— Pourquoi elle est venue me trouver ! s'exclama Kate avec un geste d'humeur. Et pourquoi nous avons rendez-vous chez le directeur du collège. C'est la raison pour laquelle vous m'avez recommandé de me montrer tolérante avec elle. Vous devez me prendre pour la reine des imbéciles...

— Bien au contraire.

Alex s'était brusquement départi de son sourire moqueur. Il arborait à présent une expression grave et compatissante à la fois.

— Je ressens même une réelle admiration pour vous, reprit-il en s'avançant dans la pièce. Vous avez fait du beau travail. J'imagine qu'il n'a pas été facile d'élever votre fille toute seule.

— Non, murmura la jeune femme, sans savoir ce qui la poussait à se confier à ce diable d'homme. Non, ça n'a pas été facile.

Il s'était planté devant son bureau, les mains dans les poches, et Kate ne put s'empêcher de poser ses yeux sur son entrejambe. Son pouls s'accéléra aussitôt, tandis que sa gorge s'asséchait brusquement. Des images sur lesquelles elle n'avait aucun contrôle germèrent dans son esprit, et il lui fallut agripper les accoudoirs de sa chaise pour ne pas perdre tout contact avec la réalité.

— Voulez-vous en parler ?

Confuse, Kate se rendit compte qu'il s'était mépris sur le sens de son mutisme, et en avait déduit qu'elle pensait encore à Joanne. Elle se demanda fugitivement comment il réagirait si elle lui avouait la vérité, à savoir qu'elle venait de spéculer sur une possible liaison entre eux...

— Parler de quoi ? s'enquit-elle pour gagner du temps.

— Bon, je comprends que vous ne vouliez rien me dire, grommela Alex avec un haussement d'épaules. Prévenez-moi simplement lorsque vous partirez, et pensez à faire basculer votre ligne téléphonique sur la mienne.

— Attendez ! se récria la jeune femme au moment où il tournait les talons. Je veux bien vous en parler. Je vous dirai comment l'entretien s'est passé, si cela vous intéresse...

— Ça m'intéresse, déclara son employeur, impassible. A tout à l'heure.

La porte se referma derrière lui, et Kate s'autorisa enfin à respirer plus librement. Qu'avait-il donc de si particulier pour la troubler à ce point ? Lorsqu'elle se trouvait près de lui, elle prenait conscience de son propre corps comme jamais auparavant. Pas étonnant qu'Alicia eût été également attirée...

« Si cela a vraiment été le cas », corrigea-t-elle mentalement. Elle devait se garder de tirer des conclusions hâtives de ses propres impressions comme des hypothèses avancées par Henry Sawyer.

Décidant qu'il ne servait à rien de commencer à travailler pour s'interrompre presque aussitôt, elle entreprit de mettre un peu d'ordre dans son bureau et, sur le coup de neuf heures et quart, elle s'apprêta à partir. Lorsqu'elle eut passé son manteau, elle frappa discrètement à la porte de Guthrie. En réponse au « Entrez » impérieux qui se fit entendre en retour, elle passa la tête par l'entrebâillement. Alex était assis au bureau de son régisseur. Le front appuyé dans le creux de sa main, il paraissait étudier des comptes.

— Je pars, annonça-t-elle. J'ai fait basculer ma ligne sur la vôtre.

— Entendu. Bon courage.

Il se replongea dans ses comptes, et Kate referma la porte avec un soupir de soulagement. Les choses ne s'étaient pas déroulées aussi mal qu'elle l'avait redouté, en définitive. Il ne lui restait plus à présent qu'à aller chercher Joanne chez elle et à la conduire au collège.

Emergeant dans la cour, elle constata que sa Vauxhall semblait plus miteuse qu'à l'accoutumée en comparaison de la Range Rover d'Alex. Le 4x4 avait certes besoin d'un bon lavage, mais même la poussière qui le recouvrait n'atténuait en rien l'impression de puissance qu'il dégageait. Avec un sourire, et tout en s'installant au volant de sa voiture, Kate songea qu'il y avait là une analogie certaine entre le véhicule et son propriétaire. Qu'il fût en jean ou en costume, rasé de près ou arborant une barbe de trois jours, Alex dégageait en effet toujours la même aura de séduction brute, de puissance contenue...

S'arrachant à ses réflexions, la jeune femme glissa la clé dans le démarreur. Le moteur hoqueta, toussa, puis se tut. Ses autres tentatives pour démarrer se révélèrent tout aussi vaines, et Kate renonça totalement lorsqu'une forte odeur d'essence envahit l'habitacle.

Elle réprima un juron. Savoir garder son calme était la règle numéro un que lui avait enseignée son père. Une règle qu'elle trouvait particulièrement difficile de ne pas enfreindre en cet instant précis...

Deux employés du domaine, qui paraissaient avoir

remarqué ses ennuis mécaniques, se dirigeaient à présent vers la voiture. Ils firent demi-tour en voyant Alex Kellerman émerger de son bureau, sourcils froncés. Avec un soupir, Kate se décida à mettre pied à terre, tandis que son employeur traversait la cour à grandes enjambées.

— Je ne vous demanderai pas si vous avez un problème, observa-t-il en arrivant à sa hauteur, puisque c'est visiblement le cas. Que se passe-t-il ? Vous avez noyé le carburateur ?

— A vous de me le dire. Je sais juste que ce tas de ferraille refuse de démarrer.

— Laissez-moi essayer.

Alex la poussa doucement sur le côté, prit place au volant et tenta de lancer le moteur. Ce dernier parut à plusieurs reprises sur le point de démarrer, avant de s'éteindre dans un ultime toussotement.

— Bon. A en juger par l'odeur, le carburateur est noyé. Je vais demander à l'un de mes hommes d'y jeter un coup d'œil. En attendant, je peux vous déposer en ville, si vous le souhaitez.

Kate acquiesça, penaude, songeant au contrôle technique qu'elle avait laissé passer. Cette panne ne serait peut-être pas arrivée si elle s'était montrée plus scrupuleuse...

— Je vous serais très reconnaissante si vous pouviez me déposer à une station de taxi, ou à un arrêt de bus. Quant à ma voiture, inutile de déranger vos employés. J'appellerai le garage qui s'occupe de son entretien pour qu'ils viennent la chercher.

— Comme vous voudrez, répondit son compagnon avec un haussement d'épaules. Mais si elle est noyée, les types du garage se déplaceront pour rien, parce qu'elle redémarrera sitôt que l'essence se sera évaporée.

Kate hésita. La perspective de s'éviter une facture supplémentaire emporta la décision.

— Si ça ne vous ennuie vraiment pas d'en charger un de vos employés...

— Aucun problème. Le temps de fermer le bureau et je vous emmène.

Elle le suivit des yeux, décontenancée. Comment son père aurait-il réagi dans de telles circonstances ? Elle n'en avait aucune idée — pour la bonne raison que son père, lui, ne se serait jamais trouvé dans une situation aussi délicate.

— Allons-y.

Alex venait de faire le tour de la Range Rover pour lui ouvrir la porte. Kate s'installa à contrecœur, tout en veillant à ne pas le frôler au passage. Il se glissa derrière le volant, puis tourna un regard interrogateur dans sa direction.

— Voulez-vous me rappeler votre adresse ?

— Mon... mon adresse ? bafouilla Kate, perturbée par le parfum épicé de son compagnon.

— Oui. Je suppose que votre fille attend que vous passiez la prendre ?

— Oui... Mais il n'est pas nécessaire que vous me conduisiez jusque chez moi. Une station de taxi me suffira amplement...

Alex lui décocha un regard narquois mais ne répondit rien. Kate resta silencieuse et crispée sur son siège, tandis qu'il faisait marche arrière, se demandant ce qu'il pensait d'elle. Pouvait-elle lui expliquer qu'elle préférait éviter de lui apprendre où elle habitait ? Bien sûr, elle avait été obligée de donner son adresse lors de son entretien d'embauche. Mais l'idée qu'Alex Kellerman pût s'approcher de chez elle la troublait inexplicablement.

— Je vais vous conduire jusqu'au collège, Joanne et vous, déclara-t-il lorsqu'ils débouchèrent sur la route principale.

Il avait parlé d'un ton détaché, mais Kate n'était pas

Découvrez le plaisir
de recevoir chez vous
de passionnants romans
POUR VOUS :
des livres gratuits,
un cadeau...
Regardez vite ce que vous pouvez recevoir !

dupe. Il ne lui laissait pas le choix... Renonçant à protester, elle se rassura en songeant qu'il y avait près de vingt appartements dans son immeuble. Et, à moins qu'il ne vérifiât spécifiquement, il ne s'apercevrait pas qu'il n'y avait pas de Kate Hugues à son adresse.

— C'est d'accord, déclara-t-elle un peu tardivement. Si ça ne vous dérange pas, bien entendu.

— Si ça me dérangeait, je ne vous l'aurais pas proposé. Que se passe-t-il ? Vous avez peur que votre petit ami nous voie ensemble et ne se fasse des idées ?

— Je n'ai pas de petit ami, répondit Kate sans réfléchir.

Elle laissa aussitôt échapper un soupir de dépit, atterrée du manque de professionnalisme dont elle faisait preuve. Dire que, la veille au soir, elle avait résolu de rester sur ses gardes ! A ce rythme-là, elle allait bientôt finir par avouer à Alex, au détour de la conversation, qu'elle était détective privé et qu'elle s'était infiltrée chez lui sous un faux prétexte !

— Pas de petit ami ? susurra-t-il, sardonique. Comment est-ce possible ? Une femme telle que vous...

— Je n'ai pas de temps à consacrer à un homme, répondit-elle en hâte. Et puisque vous me demandiez mon adresse, je vis à Milner Court, sur Marlborough Road.

— Bien.

Alex demeura silencieux durant quelques instants puis, comme s'il appréciait de la questionner ainsi, il reprit :

— Je suppose que la mort de votre mari fut une épreuve pénible. Vous m'avez dit que Joanne était encore bébé lorsque c'est arrivé ?

Kate soupira de nouveau, regrettant de s'être confiée à lui.

— C'était il y a longtemps, répondit-elle évasivement. Et je suppose que vous avez également eu votre part de souffrance, en la matière...

Alex ne répondit pas immédiatement, et elle se demanda si elle avait agi prudemment en posant une telle question. Son employeur avait crispé les mains sur le volant, et son regard s'était assombri de façon inquiétante. Mais, contre toute attente, il haussa les épaules et sembla se détendre brusquement.

— Ma situation n'est en aucun cas comparable à la vôtre, madame Hughes.

— Pourquoi cela ?

— Parce qu'aucune femme ne me fera plus jamais confiance après les rumeurs qui ont couru sur moi.

— Vous exagérez...

— C'est la compassion qui vous fait dire ça. Mais parlons plutôt de votre fille. C'est un sujet plus neutre.

Hésitante, Kate s'agita dans son siège. Elle tenait là une opportunité de le faire parler de lui qui ne se reproduirait peut-être jamais plus.

— Je suis sûre que beaucoup de femmes seraient ravies de vous connaître, insista-t-elle. Ou de visiter Jamaïca Hill.

— Pour se donner le grand frisson ? railla Alex. Pour voir le lieu du crime ?

— Non.

Malgré l'ironie dont il faisait preuve, Kate était presque certaine que le sujet le blessait. Ce qui ne signifiait pas pour autant qu'elle devait se laisser aller à le prendre en pitié, se rappela-t-elle aussitôt.

— Est-ce que je dois comprendre que... que vous n'avez plus amené personne à Jamaïca Hill depuis la mort de votre épouse ? renchérit-elle.

— Je ne crois pas que cela vous regarde, madame Hughes, répondit Alex d'un ton sec. Etes-vous sûre de ne pas travailler pour quelqu'un d'autre que moi ?

— Je... je ne vois pas de quoi vous voulez parler.

— De mon beau-père. Peut-être vous a-t-il envoyée

pour m'arracher des informations à utiliser contre moi, au procès ?

— Je ne connais même pas votre beau-père ! se récria Kate, heureuse de pouvoir enfin énoncer la vérité. Je vous jure que je ne travaille pas pour lui !

— C'est bon. Je vous crois. C'est juste que je ne suis pas très doué pour ce petit jeu de questions-réponses.

Au prix d'un gros effort de volonté, Kate parvint à dissimuler son soulagement. L'espace d'un instant, elle s'était crue démasquée... Mais il était parfaitement normal qu'Alex Kellerman se montrât méfiant, surtout à l'égard d'une inconnue. Car le moindre élément nouveau pouvait suffire à relancer l'enquête sur la mort de sa femme, et ruiner à jamais ses chances de récupérer sa fille.

# 6.

Ils ne revinrent à Jamaïca Hill qu'aux environs de 13 h 30.

Bien que Kate eût insisté pour qu'il ne l'attendît pas, Alex était démeuré garé devant le collège tout le temps qu'avait duré l'entretien. Bien lui en avait pris, à en juger par la mine défaite qu'avait arborée la jeune femme à sa sortie. Le principal du collège s'était montré dur et intraitable, et Kate avait fort mal accepté son verdict.

Joanne, pour sa part, était restée étonnamment calme et sereine, mais Alex soupçonnait qu'il en serait autrement lorsqu'elle se retrouverait dans la solitude de sa chambre. Devant sa mère, cependant, elle s'était efforcée de garder bonne figure et de ne pas céder aux larmes.

Depuis qu'il avait déposé la jeune fille à l'appartement, et durant tout le trajet qui les avait menés à Jamaïca Hill, Alex avait fait de son mieux pour convaincre Kate qu'elle avait donné à Joanne une éducation admirable. Mais il ne pouvait faire revenir le principal sur sa décision de renvoyer la coupable pour quelques jours. Or, c'était cette sanction qui bouleversait Kate.

Tout en négociant le virage qui menait à Jamaïca

Hill, il jeta un regard de biais à sa passagère. Elle était assise très droite, les traits tirés, comme si la sentence venait de la frapper elle-même. A n'en pas douter, elle n'était pas en état de reprendre le travail...

— Que diriez-vous de déjeuner avec moi ? proposa-t-il impulsivement, au moment où il s'arrêtait dans la cour.

Kate tressaillit et, tirée de sa torpeur, posa sur lui un regard vide.

— Déjeuner ? répéta-t-elle comme si elle peinait à saisir le sens de sa proposition. Oh, non, merci, j'ai des biscuits dans mon bureau. Ça me suffira.

— C'est votre menu habituel ?

— Non. D'ordinaire, j'apporte un sandwich. Mais je n'ai pas eu le temps de le préparer, aujourd'hui.

— Dans ce cas, pourquoi ne partageriez-vous pas mon repas ? Mme Muir serait ravie d'avoir une bouche de plus à nourrir.

Kate se mordit la lèvre, visiblement indécise. Alex en profita pour renchérir :

— Vous pourrez me dire ce que Coulthard compte faire pour les filles qui ont entraîné Joanne.

— Ça vous intéresse ? s'enquit sa passagère en lui jetant un regard ouvertement dubitatif.

— Il se trouve que oui. J'apprécie beaucoup Joanne.

— Elle vous aime beaucoup, elle aussi, murmura Kate d'une voix presque inaudible.

Puis, s'apercevant qu'il l'avait entendue, elle rougit et enchaîna :

— Si vous êtes sûr que je ne vais pas déranger...

— J'en suis sûr. D'autant plus que je suis chez moi. Allez, venez. Un bon verre vous fera le plus grand bien.

Mme Muir les accueillit dans le hall majestueux de la maison, et Alex constata que Kate examinait les lieux avec intérêt autour d'elle. Pour la première fois depuis des années, il se demanda ce qu'une étrangère pouvait bien en penser.

Etouffant un soupir, il reporta son attention sur Agnes Muir. Loin de l'image de la gouvernante joufflue et rougeaude que répandaient les romans populaires, sa gouvernante était une femme sèche et anguleuse, dont la sévérité n'avait d'égale que sa loyauté. D'une nature fondamentalement généreuse, elle avait beaucoup souffert du départ de Rachel.

— Vous voilà enfin, monsieur Kellerman! s'exclama-t-elle en posant un regard rapide sur Kate. Mme Sheridan a téléphoné pour vous rappeler que vous deviez passer chez elle voir l'un de ses poulains. Elle s'étonnait de ne pas vous avoir vu.

Alex se frappa le front. Il avait totalement oublié l'invitation de Lacey...

— Ce n'est pas grave, répondit-il, autant à l'intention de la gouvernante qu'à celle de Kate, qui le dévisageait curieusement. Je lui expliquerai que j'ai dû sortir.

— Très bien.

— Si vous voulez repartir..., commença Kate.

— Non, coupa-t-il en lui prenant le bras. Ce rendez-vous n'était pas important.

A sa grande surprise, Kate se dégagea d'un geste aussi discret que vif. Conscient du regard insistant que la gouvernante posait sur elle, il reprit :

— Madame Muir, laissez-moi vous présenter Kate Hugues, notre nouvelle recrue. Elle travaille avec Sam. Je l'ai invitée à dejeuner. J'espère que ça ne vous pose pas de problème ?

— Bien sûr que non. Accordez-moi une demi-heure et tout sera prêt.

— Bien.

Alex avait répondu avec un manque d'enthousiasme confinant à la sécheresse, mais il n'avait pu s'en empêcher. Il n'avait pas compris, jusqu'à cet instant, à quel point la confiance de Kate Hugues lui avait importé. La façon dont elle s'était dégagée de son étreinte, comme si son contact la révulsait, l'avait déstabilisé à un point qui l'étonnait lui-même.

Refusant de se laisser entraîner sur cette pente dangereuse, il se força à sourire comme si de rien n'était et, d'un geste, invita son employée à le suivre jusqu'à la bibliothèque. C'était sa pièce favorite; il appréciait particulièrement l'atmosphère chaleureuse que lui prêtaient ses lambris de bois sombre et son imposante cheminée, remparts idéaux contre l'hiver.

— Que désirez-vous boire? questionna-t-il en ouvrant un petit réfrigérateur encastré dans le mur.

— Oh, juste un jus d'orange.

Kate se tenait près de la porte, comme si elle préférait pouvoir fuir à tout moment. Alex en conçut une certaine colère, qui s'apaisa cependant lorsqu'il avisa son regard anxieux.

— Jus d'orange, répéta-t-il en tirant une bouteille du réfrigérateur.

Il lui servit un verre, y ajouta un glaçon et le lui donna en prenant soin d'éviter tout contact entre eux. Si Kate s'imaginait qu'il avait eu des arrière-pensées en l'invitant, elle se trompait lourdement. Il en aurait fait de même pour n'importe qui d'autre.

Pour Alicia, par exemple...

Il se rembrunit aussitôt. Il refusait de penser à cette femme pour le moment. A quoi bon se remémorer la façon dont elle s'était jouée de lui? Dire qu'il avait cru à tous ses mensonges! Il aurait dû la confier à un établissement spécialisé dans l'accompagnement psychologique des femmes battues, puisque c'est ce qu'elle avait prétendu être, au lieu de lui proposer de l'héberger...

Ce souvenir lui fit porter sur Kate un regard méfiant. Que savait-il vraiment d'elle, sinon ce qu'elle avait bien voulu lui dire ? Rien, absolument rien.

— Cette maison est superbe, observa-t-elle en s'avançant enfin dans la pièce, tandis qu'il s'ouvrait une bouteille de bière. Est-ce qu'elle est très ancienne ?

— Certaines parties de la construction remontent au dix-septième siècle. Fort heureusement, mon grand-père a décidé de la moderniser. Quel que soit mon attachement à l'histoire, une telle demeure est assez difficile à chauffer.

— J'aime les feux de bois, précisa Kate en s'approchant de la cheminée. A la maison, nous n'avons qu'un chauffage électrique.

— Pourquoi ne vous asseyez-vous pas? suggéra Alex. Vous serez plus à votre aise.

Il lui désigna un fauteuil près de l'âtre. Après une évidente hésitation, Kate finit par y prendre place.

— Je vous envie tous ces livres, confia-t-elle en promenant un regard admiratif autour d'elle. J'ai toujours aimé la lecture. Dommage que Joanne ne partage pas ce goût avec moi...

— Ne vous en faites pas. Peut-être que sa mésaventure se révélera profitable, après tout.

— Comment pouvez-vous dire une chose pareille ?

Comme chaque fois qu'il s'agissait de sa fille, Kate s'était échauffée, oubliant toute retenue. Ses yeux brillaient, ses joues s'étaient empourprées, et Alex se demanda malgré lui si c'était à cela qu'elle ressemblait lorsqu'elle faisait l'amour.

— Ce que je veux dire, corrigea-t-il après un toussotement gêné, c'est qu'elle aura le temps de réfléchir. Et si Coulthard la met dans une autre classe l'année prochaine, ce sera pour elle comme un nouveau départ.

— Oui, je suppose...

— Il fallait bien que Coulthard fasse quelque chose, Kate !

L'intéressée haussa un sourcil surpris et, se maudissant de s'être laissé aller à une telle familiarité, Alex se hâta de reprendre :

— Le vol est un délit grave. S'il avait permis à Joanne de s'en tirer sans punition, il aurait dû faire de même avec les autres filles.

— Il ne sait pas qui elles sont. Joanne a refusé de le lui avouer.

— Si vous voulez mon avis, il doit s'en douter. Il les aura à l'œil, et il finira par les coincer.

— J'aimerais pouvoir vous croire. Mais vous avez sans doute raison. Ma fille méritait une sanction. Pourtant, il est très dur pour moi de me sentir aussi impuissante.

— Dites-vous que vous avez de la chance, murmura Alex en faisant tourner sa bouteille de bière dans ses mains. Au moins, vous ne passez pas vos nuits à vous demander quels nouveaux mensonges les gens vont répandre sur votre compte.

— Vous parlez de votre fille, n'est-ce pas ?

— Rachel. Oui. Vous savez sans doute qu'elle vit avec mes beaux-parents. Ce que vous ignorez peut-être, c'est qu'il ne fait pas partie de leurs projets de me la rendre.

— Vous voulez dire... qu'ils refusent ?

— Oui. Mon beau-père, Conrad Wyatt, fera tout pour m'empêcher de reprendre ma fille. Et je suppose que je lui ai facilité la tâche. Après la mort de ma femme, j'ai plus d'une fois cherché l'oubli dans l'alcool.

— C'est compréhensible.

— Vous trouvez ?

Alex regrettait, à présent, de ne pas avoir connu Kate

plus tôt. Peut-être l'aurait-elle empêché de détruire le peu de crédit qui lui était resté après l'accident de Pamela.

— Vous ne pouvez pas savoir ce que c'est, que d'être accusé d'avoir assassiné quelqu'un.

— Non.

Assez étrangement, la jeune femme ne paraissait pas le juger. Elle semblait même parfaitement disposée à le croire. Si du moins il ne se méprenait pas sur le sens de la lueur qui brillait dans ses yeux...

— Votre mari est mort dans un accident de voiture, n'est-ce pas ? reprit-il, décidant qu'il avait assez parlé de lui.

Kate se raidit. A l'évidence, il venait de poser le doigt sur une plaie encore douloureuse. En silence, il se maudit de sa maladresse.

— C'est exact, répondit-elle laconiquement. Vous vous imaginez sans doute que c'est parce que Joanne a grandi sans père qu'elle est ainsi aujourd'hui ?

— Je n'ai jamais dit une chose pareille. Je ne faisais que comparer votre situation à la mienne. Au moins, personne ne vous a accusée d'être responsable de l'accident.

Sa compagne reposa son verre, en proie à une évidente agitation.

— Peut-être l'étais-je, murmura-t-elle après un certain temps. Je veux dire, responsable. Si Sean avait été heureux avec moi, il ne serait pas allé voir ailleurs.

— Je doute que ce soit aussi simple que ça.

— Vous avez sans doute remarqué que je n'aimais pas parler de Sean, reprit Kate avec un sourire penaud. Ça me rappelle à quel point je me suis montrée stupide. J'aurais dû écouter mes parents. Sans eux, je n'aurais jamais pu finir mon troisième cycle...

— Vous avez un diplôme de troisième cycle ?

Alex n'avait pu cacher sa stupeur et, à en juger par la mine horrifiée de Kate, il comprit qu'elle n'avait pas voulu lui en dire autant.

— En quoi êtes-vous diplômée ? interrogea-t-il sèchement. Pas en journalisme, j'espère ?

— En droit, murmura Kate, les yeux baissés. J'aurais pu travailler dans un cabinet juridique, mais je n'ai rien trouvé. Comme vous le savez, je suis allée travailler avec mon père.

Alex prit une profonde inspiration, puis se leva brusquement. Pourquoi avait-elle postulé à un emploi de secrétaire avec un diplôme en droit ? Etait-il paranoïaque de s'interroger sur ses motivations ?

S'immobilisant près d'une haute fenêtre, il contempla le paysage. Au-delà du jardin strictement dit, le terrain descendait en une succession de pentes herbeuses et de prairies jusqu'à la rivière. Cette dernière avait inondé les pâturages les plus proches de ses rives. Sous le soleil, l'eau luisait tel du vif-argent.

— Je suis navrée si vous pensez que j'aurais dû vous en parler, déclara Kate, qui s'était levée pour le rejoindre. Si je n'en ai pas fait mention sur mon CV, c'est parce que beaucoup d'employeurs sont intimidés par de tels diplômes.

— Vous pensiez que je serais l'un d'eux ? Vous ne vouliez pas embarrasser un éleveur de chevaux ignorant ?

— Ce n'est pas ce que vous êtes.

— Comment le savez-vous ?

— Eh bien... Je me souviens d'avoir lu que vous aviez suivi des études à Oxford, pour commencer. De plus, les gens ignorants sont en général insensibles, et vous venez de prouver que ce n'était pas votre cas.

— Vraiment ? De quelle façon ?

Alex savait qu'il n'était pas forcément prudent de la

provoquer, mais il appréciait que Kate essayât, pour une fois, de s'attirer ses bonnes grâces au lieu de l'agresser.

— Vous... vous avez été très gentil avec Joanne, murmura-t-elle en détournant les yeux. Et je suis contente que vous nous ayez accompagnées.

— Oui, moi aussi.

L'aveu avait franchi ses lèvres malgré lui, mais il s'en moquait. Le parfum floral de Kate venait de caresser ses sens, et il fut envahi d'une farouche envie de la prendre dans ses bras, de la toucher, de l'embrasser.

Comment réagirait-elle s'il s'avisait de glisser une main dans ses cheveux ? De caresser de l'autre ses seins généreux, soulignés par son chemisier de soie ? Les sentirait-il se tendre en une supplique silencieuse et infiniment érotique ?

— Alors ? Je suis pardonnée ?

Il lui fallut quelques longues secondes avant de pouvoir répondre. La tête lui tournait, et il espérait qu'elle n'allait pas avoir la mauvaise idée de baisser les yeux vers son bas-ventre...

— Pardonnée ? répéta-t-il d'une voix rauque.

— Eh bien, oui. D'avoir omis de mentionner mon diplôme.

Ce détail lui parut soudain si dérisoire en comparaison de ce qu'il éprouvait qu'il ne sut que dire. Malgré lui, il plongea dans le regard de Kate et tenta d'y lire un quelconque indice de ses dispositions à son égard. Mais il ne parvint qu'à la faire rougir et reculer d'un pas.

— Et si... si vous me parliez de votre fille ? demanda-t-elle avec un détachement dont il n'était pas dupe. Je suppose qu'elle doit vous manquer.

Alex soupira. Il n'avait aucune envie de parler de Rachel, d'autant plus qu'il venait de surprendre sur le visage de Kate une curieuse expression. De la culpabilité ?

— Vous avez peur de moi ? interrogea-t-il brusquement.

Elle fit de nouveau un pas en arrière, confirmant ses soupçons, mais répondit :

— Pas du tout. Pourquoi devrais-je avoir peur de vous ? Je vous connais à peine.

— J'ai pourtant le sentiment que vous me connaissez mieux que vous ne le prétendez. Peut-être même vous dites-vous qu'il y a du vrai dans les rumeurs qui courent sur moi.

Il la vit écarquiller les yeux, mais elle s'efforça presque aussitôt de sourire comme si de rien n'était.

— Vous vous moquez de moi, monsieur Kellerman. Si nous retournions nous asseoir ? Je n'ai pas fini mon verre.

Tout en parlant, elle avait reculé, sans s'apercevoir qu'elle venait de s'adosser contre un pan de la bibliothèque. Alex, tel un fauve percevant la peur de sa proie, sentit un instinct ancestral s'éveiller en lui.

— Vous savez quoi, madame Hugues ? Je suis certain que vous avez peur de moi.

Levant une main, il lui effleura la joue et ajouta :

— Vous n'avez rien à craindre, je vous assure. Je ne suis pas aussi dangereux que j'en ai l'air.

— Je n'ai jamais dit que je vous trouvais dangereux, riposta la jeune femme en tentant d'échapper à sa main. Si vous voulez tout savoir, je pense que vous êtes surtout triste. Vous avez perdu votre femme, votre enfant, votre réputation. Pourquoi aurais-je peur de quelqu'un qui a renoncé à se battre ?

— Je n'ai pas renoncé à me battre ! rugit Alex.

Elle avait touché un point douloureux, et il la saisit sans douceur par les épaules.

— Vous ne savez rien de moi ! gronda-t-il, oubliant qu'il venait de soutenir le contraire. Je pourrais vous rompre le cou pour avoir dit une chose pareille.

Soudain, il se rendit compte de ce qu'il venait de dire. Kate le croyait sûrement capable de tout, à présent, y compris d'avoir tué son épouse dans un accès de folie. Mais il était trop tard pour revenir en arrière. Trop tard pour retirer cette stupide menace. Trop tard pour continuer d'ignorer cette femme qu'il tenait en son étreinte. Elle était si belle, si féminine... Tout ce qu'il avait tenté d'oublier depuis qu'elle était entrée chez lui l'emporta brusquement. Ignorant l'expression déroutée de Kate, il l'attira dans ses bras.

— Je n'ai pas cessé de me battre, répéta-t-il durement, essayant désespérément de reprendre le contrôle de la situation.

Elle continua de le fixer tel un animal apeuré et, n'y tenant plus, il se pencha pour effleurer ses tempes du bout des lèvres. Elle avait natté ses cheveux blonds, aujourd'hui, sans doute pour impressionner Coulthard par une mine sévère. Mais quelques mèches indociles s'étaient échappées, encadrant son délicieux visage comme autant de flammèches.

Conscient qu'il ne pouvait la lâcher sans avoir goûté à sa bouche, il s'apprêta à l'embrasser. Mais elle pinça les lèvres à la manière d'une enfant boudeuse, et il sentit une bouffée de tendresse inattendue se mêler au désir qui le torturait.

Kate tremblait dans ses bras, il en était conscient. Il lui faisait peur, et il s'en voulait pour cela. Mais il ne pouvait s'arrêter à ce stade. Renonçant à l'embrasser pour l'instant, il enfouit ses lèvres dans son cou, s'enivrant du parfum de ses cheveux. Elle frémit violemment et, lorsqu'il la regarda de nouveau, Alex vit qu'elle posait sur lui un regard trouble et incertain. Ses lèvres s'étaient entrouvertes, laissant échapper un souffle saccadé.

— Dites-moi que vous ne me détestez pas, Kate,

murmura-t-il en encadrant son visage de ses mains. Je ne vous veux pas de mal.

Elle ne répondit rien, mais sa bouche était un tel appel au baiser qu'il ne put résister plus longtemps. Comme un homme assoiffé se jetant sur une source après une traversée du désert, il l'embrassa farouchement, sauvagement, presque violemment.

Pourquoi ne le repoussait-elle pas ? se demanda-t-il fugitivement. N'était-elle pas supposée marteler son torse de ses poings ? Détourner la tête, l'injurier ?

Il la plaqua contre lui, lui faisant sentir la pleine violence de son désir. A sa grande surprise, elle noua ses bras derrière sa nuque et s'abandonna, ondulant souplement dans ses bras. Etouffant un juron, Alex parvint de justesse à ne pas se laisser aller à son propre plaisir. Mais que lui arrivait-il ? Il réagissait comme un adolescent à son premier rendez-vous !

Encouragé par l'attitude de la jeune femme, et sans cesser de l'embrasser, il glissa une main sous son chemisier et trouva sans mal l'agrafe de son soutien-gorge. Puis, après une infime hésitation, il enveloppa l'un de ses seins, brûlant, lourd, parfaitement galbé.

Il lui sembla brusquement qu'il ne pouvait plus respirer. S'arrachant à ses lèvres, il enfouit son visage dans son cou pour reprendre son souffle.

Le bruit de la porte qui s'ouvrait le ramena partiellement à la réalité. « Agnes Muir », songea-t-il avec amertume. La gouvernante ne frappait jamais avant d'entrer dans les parties communes de la maison.

Il se retourna pour lui faire face, jetant à peine un regard au visage enflammé de Kate avant d'affronter Mme Muir.

Il constata aussitôt qu'il s'était mépris sur l'identité de l'intruse, et fixa Lacey Sheridan en clignant des yeux. Cette dernière lui retourna un regard ouvertement méprisant.

— Eh bien, on dirait que tu n'as pas retenu la leçon, observa-t-elle, sarcastique.

— Lacey...

Alex dut s'interrompre, bousculé par Kate dans sa fuite désespérée vers la sortie.

— Excusez-moi, marmonna-t-elle.

— Kate, attendez !

Mais la porte s'était déjà refermée derrière elle. Etourdi, il se tourna vers Lacey, qui haussa les épaules d'un air indifférent.

— On dirait que cette demoiselle n'est pas intéressée par ce que tu as à offrir. Je te conseille de la laisser partir, mon chou. Du moins, si tu veux que nous restions amis...

# 7.

— Madame Hugues ?

Kate se demandait si elle devait choisir des pommes ou des oranges, au petit supermarché où elle faisait habituellement ses courses, lorsqu'une voix vaguement familière se fit entendre derrière elle. En se retournant, elle se trouva face à la gouvernante d'Alex Kellerman.

— Oh, madame Muir.

L'intéressée parut rassurée de ne pas s'être trompée et, hochant la tête, sourit d'un air aimable.

— Je pensais bien que c'était vous. J'espère que vous vous sentez mieux. M. Kellerman m'a expliqué que vous avez dû partir précipitamment, l'autre jour.

— C'est... c'est exact. Je suis désolée.

— Ne vous en faites pas. Mme Sheridan est restée déjeuner à votre place. Mais il est dommage que M. Kellerman et vous n'ayez pas eu le temps de parler.

Kate se sentit prise d'un long frisson comme elle se remémorait son huis clos avec Alex, dans la bibliothèque. Mme Muir se montrerait-elle aussi aimable si c'était elle qui les avait surpris enlacés, en lieu et place de Lacey Sheridan ?

— Je... j'ai été ravie de vous revoir, madame Muir.

— Vous vous en tirez, toute seule au bureau ? poursuivit la gouvernante, d'humeur décidément loquace.

Comme M. Kellerman s'est absenté pour la semaine et que Sam n'est pas revenu, je suppose que vous devez tout prendre en charge.

— Ma foi, oui, mais ce n'est pas très compliqué. Avez-vous des nouvelles de M. Guthrie ?

— Il va beaucoup mieux, aux dires de sa femme.

— Parfait, parfait. A présent...

— Que diriez-vous de prendre un thé avec moi ? coupa la gouvernante, désignant la cafétéria adjacente au supermarché. Oh, mais je vois qu'il est déjà cinq heures... Vous devez avoir d'autres choses à faire.

Kate s'accorda une seconde de réflexion. Des factures l'attendaient au bureau, et une adolescente rebelle à la maison. Pourtant, Mme Muir lui offrait là une occasion en or d'avancer dans son enquête. Qui mieux qu'elle pouvait être au fait de ce qui se passait à Jamaïca Hill ?

— Non, je ne suis pas spécialement pressée, mentit-elle. J'accepte avec grand plaisir.

Une fois ses courses rangées dans le coffre de sa voiture, Kate rejoignit Mme Muir près d'une fenêtre. Un cake coupé en tranches se trouvait déjà sur la table, ainsi qu'une théière fumante.

— Cet endroit n'est-il pas ravissant? s'enquit Mme Muir en la servant. J'aime y venir, de temps en temps. Mais je n'ai pas beaucoup de compagnie. Depuis la mort de mon mari, je n'ai plus vraiment d'occasions de sortir.

— Je suis désolée, murmura Kate. Je sais à quel point il est difficile de perdre un être cher.

— Ça fait deux ans, maintenant, déclara la gouvernante avec un sourire vaillant. Mais parlez-moi plutôt de vous. Depuis combien de temps êtes-vous mariée ?

— Mon mari est décédé.

Kate répugnait à aborder ce sujet, mais elle savait qu'elle ne soutirerait aucune information à sa compagne si elle ne se confiait pas un peu.

— J'ai une fille, reprit-elle. Elle va bientôt avoir treize ans.

— Treize ans ! Mais vous deviez être terriblement jeune lorsque vous l'avez eue !

— En effet. J'avais dix-neuf ans.

— Eh bien, on dit qu'une famille aide à rester jeune, et je ne peux que constater que c'est vrai !

— Oh, ne croyez pas ça, répondit Kate en riant.

— Mon Dieu, et dire que je vous retiens alors que votre fille doit vous attendre...

— Ne vous en faites pas. Nous vivons avec ma mère.

Puis, comme Mme Muir paraissait attendre d'autres informations, elle ajouta à contrecœur :

— Mon mari est mort il y a dix ans. Dans un accident de voiture.

— Ça a dû être terrible, murmura la gouvernante en posant une main osseuse sur la sienne. J'ai toujours de la peine lorsque j'apprends qu'une jeune personne est morte. C'est le cauchemar de tout parent : devoir enterrer un fils ou une fille. Mon Jim n'était plus le même, après cela...

— Vous... vous avez perdu un enfant ?

— Oui. Notre fils Philip.

Mme Muir avait des larmes dans la voix, à présent, et Kate se demanda soudain si elle était vraiment faite pour le métier de détective. Il lui fallut faire appel à toute sa volonté pour reprendre :

— Je suppose que les Wyatt ont dû éprouver la même chose à la mort de leur fille ?

— Sans doute, oui, murmura son interlocutrice en se tamponnant les yeux. Tout ce que je sais, c'est qu'ils ont fait de la vie de M. Kellerman un enfer. Ce n'est tout de même pas sa faute si elle s'est tuée.

— Non.

Kate n'avait osé émettre de doute sur ce point, mais la

gouvernante dut sentir qu'elle n'était pas convaincue car elle ajouta :

— M. Kellerman est un homme de cœur. Il est comme un fils, pour moi. Sans lui, je ne sais pas si j'aurais trouvé la force de continuer.

— Je comprends.

— Nous nous tenons compagnie, lui et moi. Je sais qu'il finira par récupérer la garde de sa fille. Simplement, ces choses-là prennent du temps. Vous ne mangez rien ?

— Pardon ? Oh, si, bien sûr...

Pensive, Kate mordit du bout des dents dans une tranche de cake. Elle n'avait pas beaucoup d'appétit, et le seul fait de songer à Alex lui laissait un goût amer dans la bouche. Elle ne l'avait fort heureusement pas revu depuis le désastreux épisode de la bibliothèque, et ne savait comment elle aurait réagi si elle avait eu à l'affronter le lendemain matin. Elle avait même envisagé de se faire porter pâle, avant de juger qu'il ne s'agissait pas d'une attitude très courageuse.

Ce qui s'était passé, en tout cas, la forçait à considérer d'un œil nouveau les accusations d'Henry Sawyer. Puisque Alex était capable de se jeter sur une femme qu'il connaissait à peine, il pouvait fort bien avoir eu une liaison avec Alicia Sawyer... Et même si une partie d'elle-même se refusait à admettre la chose, les faits étaient là...

— Alors ? renchérit à cet instant Mme Muir. Comment se passe votre travail ? Je crois que Sam est très satisfait, n'est-ce pas ? Pourrons-nous espérer que vous resterez plus longtemps que les précédentes ?

— Les précédentes ? demanda Kate, sentant son cœur battre un peu plus vite dans sa poitrine.

— Oui. Celles qui ont travaillé pour M. Guthrie avant vous. Oh, bien sûr, elles ne vous ressemblaient pas. La plupart sont parties lorsqu'on leur a offert un meilleur salaire ailleurs.

— C'est regrettable. M. Guthrie doit en avoir plus qu'assez de devoir recruter sans cesse du personnel.

— Oui... Mais il faut dire qu'il n'est pas d'un caractère très facile non plus, et qu'il ne fait pas toujours preuve de flair dans ses choix. Cela dit, même sa dernière recrue — enfin, son avant-dernière — avait plu à M. Kellerman.

— Et... et alors ?

— Alors, c'était une menteuse. Elle a prétendu que son mari la battait. Mais ce qu'elle voulait, c'était se faire une place au domaine. Elle avait sans doute tout prévu depuis le début.

— Prévu quoi ?

Kate n'avait pu s'empêcher de poser la question, mais son interlocutrice parut juger préférable de clore le sujet.

— Je ne devrais pas parler de ça, précisa-t-elle. Ce sont les affaires de M. Kellerman, après tout. Ce que je peux vous dire, c'est que je suis contente que Sam soit tombé sur quelqu'un comme vous.

La jeune femme faillit lâcher un soupir de frustration. Il lui semblait une nouvelle fois qu'elle venait d'échouer très près du but.

— Kate ! Ça alors ! Ça fait un sacré bout de temps !

Tournant la tête, elle eut la désagréable surprise d'apercevoir Marianne Garvey, l'une de ses anciennes compagnes d'université. Elle redouta un instant que Marianne ne trahît sa couverture en faisant mention de son métier de détective, mais Mme Muir repoussa sa chaise avec un soupir, avant de déclarer :

— Bon, je crois que je ferais bien d'y aller. Bonsoir, madame Hugues. Nous nous reverrons sans doute la semaine prochaine.

Kate lui retourna un sourire aimable, puis se rembrunit lorsque Marianne prit sans y être invitée la place de la gouvernante.

— Une cliente ? s'enquit-elle avec curiosité.

— Quelqu'un que je connais, marmonna évasivement la jeune femme. Son mari est mort récemment. Je lui tenais compagnie.

— Comme c'est charitable, remarqua l'autre avec un sourire de fouine. Mais n'ai-je pas entendu le nom de *Kellerman* ? Serait-ce une parente d'Alex Kellerman ?

— Non, répondit fermement Kate, peu désireuse d'aborder le sujet de son employeur avec une commère aussi notoire. Comment vas-tu, Marianne ? Tu as l'air en pleine forme.

— Merci. Toi aussi.

— Merci. A présent, si tu veux bien m'excuser, il faut que j'y aille.

— Je t'accompagne, annonça aussitôt Marianne en se levant.

— Mais... tu n'as rien commandé...

— Oh, je n'en avais pas l'intention. Je suis entrée seulement parce que je t'ai vue. Ça fait tellement longtemps que nous n'avons pas eu l'occasion de papoter, toutes les deux. Comment va ta fille, au fait ? Elle doit avoir... quoi ? Douze ou treize ans ?

— Douze ans. Elle va très bien, merci. Et ton fils ?

— Bobby ? Il se porte à merveille. Mais il n'a que six ans. Joanne est presque une adolescente, à présent, et j'imagine que ça ne doit pas être facile tous les jours...

Soudain, Kate comprit où Marianne voulait en venir. Elle avait sûrement eu vent de la mésaventure de Joanne et désirait en savoir plus... Déposant quelques billets sur la table, elle se dirigea vers la sortie, talonnée par sa compagne.

— Tu dois te sentir vieille avec une fille de l'âge de Joanne, renchérit cette dernière avec un sourire suave.

— Terriblement, oui. Bon, à bientôt, Marianne. J'ai été ravie de te revoir.

Puis, sans lui laisser le temps de répondre, elle se glissa dans la foule qui encombrait les trottoirs en cette fin de journée. Ce ne fut qu'après maints détours qu'elle se décida à revenir enfin vers sa voiture, garée sur le parking du supermarché.

L'insuccès de son enquête et sa rencontre avec Marianne l'avaient mise de fort mauvaise humeur lorsqu'elle rentra enfin chez elle. Joanne tournait dans le salon tel un lion en cage, et Kate ne put s'empêcher de lui faire remarquer que c'était sa faute si elle en était là. Sa fille marmonna quelque chose d'inaudible et partit s'enfermer dans sa chambre.

— Tu n'es pas très gentille, commenta Ellen d'un ton réprobateur, tandis qu'elle l'aidait à déballer ses courses. Ce n'est pas facile pour Joanne, crois-moi.

— A qui la faute?

— Ça va, tu le lui as déjà fait suffisamment comprendre. Tu as tendance à oublier que si elle n'avait pas été honnête, elle n'en serait pas là aujourd'hui. Tu ne saurais rien de sa bêtise, et M. Coulthard non plus.

— J'aurais dû soupçonner que tu finirais par prendre son parti...

— Je ne prends pas son parti! protesta Ellen, indignée. J'essaie juste de te faire comprendre que Joanne ne mérite pas un tel traitement.

— Je sais, reconnut Kate avec un soupir. J'irai m'excuser. Mais j'ai eu une sale journée.

— Pourquoi? Il s'est passé quelque chose? Je croyais que Kellerman était absent.

— Oui. Mais j'ai rencontré Marianne Garvey au supermarché. Elle est courant, pour le renvoi de Joanne.

— Hmm, je vois. Sa plus jeune sœur fréquente le même collège. C'est comme ça qu'elle a dû l'apprendre.

— Sans doute, oui. En tout cas, tu peux être sûre que toute la ville sera bientôt au courant.

— Tu exagères. Je ne crois pas que beaucoup de monde en dehors de nous s'intéresse au renvoi de ta fille. Et puis, il n'y a pas de quoi en faire un drame. C'est devenu une sanction courante, de nos jours.

— Peut-être bien, oui, marmonna Kate sans conviction. Tu as sans doute raison.

— J'ai raison, renchérit sa mère. Mais pourquoi ai-je le sentiment que tu es sur les nerfs ?

— Je ne suis pas sur les nerfs.

— Oh, si. Nous avons vécu assez longtemps ensemble pour que je sache lorsque quelque chose te tracasse. Que se passe-t-il ?

— Je te dis que tu te fais des idées...

— Non. Tu es comme ça depuis le jour où Joanne a été renvoyée. Est-ce que M. Kellerman t'a fait un commentaire déplaisant ? Je pensais qu'il s'était montré compréhensif.

— En effet.

— Et puisqu'il est parti depuis, il n'est pas responsable de ton état. J'en déduis donc que tu es comme ça à cause de moi.

— Maman, arrête un peu ! Il ne s'est rien passé, d'accord ? C'est juste que je... je ne sais pas très bien où mène cette enquête.

— Tu veux dire que tu as l'impression de perdre ton temps ?

— Pas exactement, non.

— Tu soupçonnes Alex Kellerman d'être responsable du meurtre de sa femme, alors ? Mon Dieu, j'espère que tu es prudente...

— Je ne sais plus que croire, confessa Kate avec une grimace de dépit. Je... je pense qu'il a pu avoir une liaison avec Alicia Sawyer. Et si c'est le cas...

— Ça ne fait pas de lui un meurtrier, coupa Ellen avec son bon sens habituel. Mais, à mon avis, c'est à

M. Sawyer que tu devrais dire tout cela. Puisque ton enquête stagne, il serait peut-être temps que tu jettes l'éponge.

Malgré la petite voix qui lui murmurait de suivre le conseil de sa mère, Kate repoussa cette tentation. Elle répugnait à abandonner son travail à Jamaïca Hill, malgré ce qui s'était passé avec Alex. Ou peut-être *à cause* de cela. Mais elle préférait ne pas y penser pour le moment...

— Je m'accorde encore deux semaines, déclara-t-elle en prenant un paquet de pâtes dans un placard. Spaghettis au menu de ce soir, enchaîna-t-elle aussitôt. Ça te convient ?

Sa mère hocha la tête et, à son grand soulagement, n'aborda plus le délicat sujet d'Alex Kellerman de tout le week-end. Mais Kate ne parvint pas pour autant à oublier son séduisant employeur, dont l'image semblait s'être imprimée bien malgré elle dans son esprit...

Son humeur ne s'améliora guère, le lundi suivant, lorsqu'elle aperçut la Range Rover d'Alex garée à son emplacement habituel. Cela signifiait que Sam Guthrie n'était pas encore rentré, et qu'elle allait devoir endurer la présence du maître des lieux toute la journée.

Et alors ? se demanda-t-elle brusquement, piquée par un sursaut de fierté. C'était à lui de se sentir gêné, pas à elle ! Et s'il la renvoyait, que lui importait ? Elle se moquait parfaitement de son travail au domaine ! Quant à Henry Sawyer, il ne pourrait pas lui reprocher d'avoir été mise à la porte !

Vaguement rassérénée, elle pénétra dans son bureau et nota qu'il y régnait un froid glacial. Le chauffage n'avait pas été allumé, ce matin. Elle s'apprêtait à y remédier lorsque la voix d'Alex la fit tressaillir.

— Voulez-vous venir dans mon bureau un instant ?

S'efforçant d'arborer un sourire parfaitement neutre, la jeune femme fit volte-face. Mais son compagnon avait déjà disparu, et elle ne put retenir une grimace à la vue de sa porte entrouverte, menaçante invitation à une confrontation dont elle se serait bien passée.

Renonçant à retirer son manteau — peut-être avait-il l'intention de la renvoyer sur-le-champ —, elle gagna la pièce voisine et toussota pour annoncer sa présence à Alex, tourné vers une fenêtre.

— Asseyez-vous, ordonna-t-il sans bouger.

Elle s'exécuta, incapable de détacher son regard de la ligne puissante de ses épaules. Par quel miracle cet homme produisait-il un tel effet sur elle ? Il n'était tout de même pas le premier qu'elle approchait depuis la mort de Sean !

— Je suppose que vous vous demandez pourquoi je vous ai convoquée ?

— En effet.

— Pour commencer, je voudrais m'excuser pour mon comportement de la semaine passée. Ce que j'ai fait était impardonnable. Je vous ai invitée chez moi et j'ai abusé de votre confiance de la façon la plus méprisable qui soit.

Abasourdie, Kate se contenta de le fixer sans mot dire. Des excuses étaient bien la dernière chose à laquelle s'était attendue de sa part. Un vif remords l'envahit aussitôt à l'idée d'avoir si mal jugé Alex.

— Vraiment, je..., commença-t-elle avant d'être interrompue.

— Vous pensez probablement que c'est la raison pour laquelle je ne suis pas venu travailler la semaine dernière, reprit son employeur en se tournant enfin vers elle. Et c'est peut-être le cas. Peut-être redoutais-je de me trouver face aux conséquences de ma goujaterie. Il était plus facile de repousser l'inévitable confrontation.

— Monsieur Kellerman, je vous en prie...

— Pour ma défense, sachez cependant que j'ai assisté aux dernières courses de l'année à Doncaster. Je pourrais aussi prétendre que vous m'avez... provoqué en me traitant de lâche.

— Je n'ai pas dit ça !

— Peu importe. Je me considère de toute façon comme seul responsable de ce qui est arrivé. Vous avez de quoi me poursuivre pour harcèlement sexuel, si c'est ce que vous voulez...

— Absolument pas, objecta Kate après une hésitation. En fait, je... je préférerais oublier tout cela.

— Ainsi donc, cet incident ne vous a pas persuadée que j'étais coupable des crimes dont on m'accuse ?

— Non.

— Je suis soulagé, annonça Alex avec une pointe d'ironie. Vous êtes sans doute la seule femme de Montford à réagir de cette façon.

— Peut-être bien. Si vous en avez fini, à présent, j'aimerais retourner travailler.

Kate s'était déjà levée, mais il l'arrêta d'un geste.

— Attendez.

— Oui ?

— J'ai une faveur à vous demander. J'ai appelé mon avocat ce week-end, et il a réussi à obtenir que je passe la journée avec Rachel. Je voudrais que vous veniez la chercher avec moi. Ainsi, vous pourrez me servir de témoin si son grand-père essaie de m'empêcher de la voir. Qu'en dites-vous ?

# 8.

Wyvern Hall offrait un spectacle inquiétant, avec sa façade crénelée de pierre sombre, et Kate jugea la demeure lugubre sitôt qu'elle la vit. Mais son opinion était sans doute faussée par son manque total d'enthousiasme. La simple idée de se trouver là en compagnie d'Alex Kellerman lui donnait des frissons.

Ce n'était pas faute d'avoir essayé de se défiler, pourtant. Lorsque Alex lui avait proposé de l'accompagner, elle avait en vain cherché une excuse pour refuser. Elle redoutait avant tout que quelqu'un la reconnaisse... Et puis, elle n'était pas très sûre de vouloir faire la connaissance de Rachel.

La principale origine de ses réticences, cependant, était de nature plus personnelle. Elle estimait en effet s'être déjà rapprochée d'Alex plus que de raison. Se mêler de sa vie privée était bien la dernière chose à faire. Elle était supposée se montrer objective et impartiale, et non prendre parti contre Conrad Wyatt. Ce dernier n'était peut-être pas si machiavélique qu'Alex le prétendait, après tout, et il était compréhensible qu'il eût été bouleversé par la mort de sa fille.

— Saviez-vous que Conrad a voulu me faire abandonner le nom de Kellerman pour celui de Wyatt ? murmura Alex comme ils franchissaient les grilles de Wyvern Hall.

— Vous avez refusé, n'est-ce pas ? s'enquit Kate avec un soupir résigné.

— Oui. Et je ne serais pas surpris qu'il essaie également de changer le nom de ma fille.

Tandis qu'il immobilisait la Range Rover dans la cour, Kate ne put s'empêcher de s'étonner de l'amertume qui le rongeait. Mais sans doute avait-il ses raisons... Comment aurait-elle réagi si les parents de Sean avaient essayé de lui prendre Joanne ? Pure spéculation, songea-t-elle aussitôt, puisque Sean n'avait jamais connu son père et que sa mère était morte assez jeune.

Kate en était à ce stade de ses réflexions lorsque son compagnon lui ouvrit la portière. Il avait passé sur sa veste un long manteau noir qui soulignait encore son air ténébreux, et elle frémit lorsqu'il lui prit la main pour l'aider à descendre.

— Prête ?

— Autant que je puisse l'être, répondit-elle avec une assurance qu'elle était loin de ressentir.

— Parfait. Venez. Vous n'aurez qu'à faire exactement comme moi.

Kate se demanda ce que cela signifiait, mais Alex avait déjà tourné son attention vers la maison. Ses traits s'étaient figés en un masque dur et impitoyable.

— Puis-je me permettre une observation ? s'enquit la jeune femme à voix basse, tandis qu'il l'entraînait vers le perron.

Il acquiesça avec une impatience visible et elle hésita, avant de reprendre :

— Si... si vous voulez mon avis, vous devriez prendre un air un peu plus... aimable. Vous ne voudriez pas effrayer votre fille, n'est-ce pas ?

Alex leva les yeux au ciel.

— Vous ne savez pas ce que...

Il dut s'interrompre comme la porte s'ouvrait, révélant

une jeune domestique en livrée noire. Cette dernière posa sur eux un regard inquisiteur et froid, puis s'enquit d'un ton hautain :

— Vous désirez ?

Instinctivement, Kate rentra la tête dans les épaules, s'attendant à voir Alex exploser de colère. A sa surprise, cependant, il se fendit d'un sourire poli, presque cordial, et demanda d'un ton suave :

— Pouvez-vous dire à la nurse de Rachel que son père est venu la chercher ? Elle doit m'attendre.

L'autre acquiesça sèchement et disparut, comme avalée par la pénombre du hall.

— Qu'en dites-vous ? murmura Alex. Je m'en tire bien, n'est-ce pas ? Merci pour votre conseil, en tout cas. J'ai trop tendance à laisser les Wyatt me mettre en rogne.

Kate lui sourit en retour, presque malgré elle, stupéfaite de l'étincelle malicieuse qui pétillait dans ses yeux. Mais, déjà, la domestique revenait en compagnie d'une femme entre deux âges, vêtue d'un strict tailleur de tweed.

— La nurse, précisa Alex à mi-voix.

Il n'y avait cependant pas signe de la petite fille, et Kate vit son compagnon s'assombrir lorsqu'il s'en aperçut.

— Je crois que Rachel et son grand-père sont encore aux écuries, déclara la nurse avec un sourire affable. M. Wyatt ne vous attendait pas si tôt. Si vous voulez bien rentrer, je lui ferai savoir que vous êtes là.

— Nous irons nous-mêmes, répondit Alex avec un soulagement évident.

Avant que la gouvernante pût formuler la moindre objection, il prit Kate par le coude et la guida vers l'arrière de la maison, où se trouvaient les écuries. Le haras de Conrad Wyatt n'était pas un élevage professionnel, contrairement à celui de Jamaïca Hill, et seuls trois chevaux paissaient dans un enclos. Suivant un sentier, ils dépassèrent une grange et parvinrent à un manège découvert. Là, sous la surveillance d'un homme aux cheveux blancs, une petite fille montait un poney roux.

Kate sentit la main de son compagnon se crisper fugitivement sur son bras. Puis, comme s'il se rendait compte qu'il lui faisait mal, il la relâcha. Au même instant, la petite fille les remarqua et poussa un cri de joie.

— Papa ! C'est papa !

Le regard que Conrad Wyatt tourna vers son beau-fils était éminemment malveillant. Kate, qui avait jusqu'à présent considéré les explications d'Alex comme amplement exagérées, ne put s'empêcher de frissonner. Il y avait dans les yeux du vieil homme un ressentiment qui confinait à la violence.

Alex, fort heureusement, ne semblait pas prêter attention à son beau-père. Son attention était déjà fixée sur sa fille. Ignorant les conseils de Conrad, cette dernière sauta maladroitement à terre et se précipita vers la barrière de l'enclos.

— Bonjour, ma chérie, murmura Alex en la soulevant dans ses bras.

Sa voix était d'une douceur qui ébranla Kate jusqu'au plus profond de son être. En un éclair, elle prit brutalement conscience du vide affectif de son existence. Bien sûr, elle avait sa mère et Joanne, pour lesquelles elle éprouvait un amour sans bornes. Mais si seulement c'était à elle qu'Alex avait pu parler sur ce ton...

— Je croyais que tu ne viendrais pas ! s'exclama la petite fille en plaquant un baiser sonore sur la joue de son père. Grand-papa a dit que tu avais sûrement oublié, comme la semaine dernière.

— La semaine dernière ? répéta Alex, tandis qu'une lueur féroce éclatait dans son regard.

— Oui, répondit Conrad en s'avançant vers eux, les

mains dans les poches. Mardi dernier. Vous n'étiez pas supposé venir prendre Rachel ?

Alex avait serré les poings, et une telle fureur était apparue sur son visage que Kate en vint subitement à craindre pour la vie du vieil homme.

— Il n'a pas pu, intervint-elle en s'approchant. Ton grand-père ne t'a rien dit, Rachel ? C'est à cause de moi. J'ai fait une grosse bêtise, au travail, et ton père a dû rester pour m'aider à réparer les dégâts. Il a pourtant téléphoné pour dire qu'il ne pourrait pas venir.

— Vous êtes qui ? demanda la gamine, suspicieuse.

— Oui, renchérit froidement Conrad Wyatt, lui faisant écho. Qui êtes-vous ? Une des nombreuses maîtresses de Kellerman, je suppose ?

— Elle est mon assistante, intervint Alex sans se laisser démonter. Rachel, je voulais te présenter Kate. Kate, voici Rachel. Ma fille, ajouta-t-il en appuyant sur ces deux derniers mots.

Kate sourit à la petite fille, notant la ressemblance que cette dernière offrait avec son père.

— Tu vis chez mon papa ? s'enquit curieusement Rachel.

— Bien sûr, répondit Conrad avec un ricanement méprisant. Comme toutes les autres. Ton père a toujours eu plus de temps pour les femmes que...

— Et si nous allions voir les chevaux de ton papa ? coupa Kate sans un regard pour le vieil homme.

— Ecoutez, gronda Conrad, je ne sais pas qui vous êtes, mais ça ne vous donne pas le droit de m'interrompre lorsque je parle à mon gendre.

— A moi ? demanda Alex d'un air innocent. Je croyais que vous vous adressiez à Rachel.

Puis, installant sa fille sur ses épaules, il reprit :

— Nous avons déjà perdu assez de temps. Dis au revoir à ton grand-père, ma chérie.

— Au revoir, grand-papa ! cria Rachel en levant une main et en s'agrippant de l'autre aux cheveux d'Alex.

— Rappelez-vous qu'elle doit être rentrée pour cinq heures ! s'écria Conrad, tandis qu'ils s'éloignaient. Si vous avez une minute de retard, j'appelle la police !

Alex ne daigna même pas se retourner. Après un dernier regard pour le vieil homme, qui s'était empourpré sous le coup de la colère, Kate lui emboîta le pas et le rejoignit comme il installait sa fille à l'arrière de la Range Rover.

— Où allons-nous ? demanda Rachel, lui évitant d'avoir à poser la question. A Jamaïca Hill ?

— Pas tout de suite. Comme il fait beau, j'ai pensé que tu aimerais aller nourrir les canards. Après quoi nous irons tous boire un milk-shake au chocolat.

— Au chocolat ! répéta la petite fille en ouvrant de grands yeux. Oh oui !

Kate ne put retenir un sourire attendri, tandis qu'elle prenait place dans la voiture et bouclait sa ceinture. Elle n'était pas fâchée de quitter Wyvern Hall, dont l'obscure façade paraissait refléter le tempérament de ses habitants. Comme ils démarraient, elle leva les yeux vers les hautes fenêtres ogivales et crut distinguer, derrière l'une d'entre elles, un visage pâle.

La grand-mère de Rachel ? se demanda-t-elle, sourcils froncés.

Mais le visage disparut bien vite, ne lui laissant que l'impression d'avoir été témoin d'une désagréable apparition.

— J'espère que ça ne vous dérange pas ? s'enquit brusquement Alex.

Kate cligna des yeux et s'efforça de se rappeler ce qu'il avait suggéré. Ah, oui, aller nourrir les canards...

Se tournant vers Rachel, elle songea que cela faisait une éternité qu'elle n'avait rien partagé avec sa propre fille. Etait-ce la raison pour laquelle Joanne avait commis un vol ? Pour attirer son attention ?

— Kate ?

— Eh bien... C'est vous le patron, marmonna-t-elle.

— J'aimerais pouvoir le croire...

En dépit de son début pénible, le reste de la matinée se révéla fort agréable. Kate parvint même à oublier momentanément ses soucis pour se consacrer à Rachel. Il ne lui fallut pas longtemps pour découvrir que l'enfant était loin d'être aussi assurée qu'elle en avait l'air. Etait-ce la faute de son père, se demanda-t-elle, ou de Conrad Wyatt ? Probablement des deux...

Alex, cependant, se montrait extrêmement doux et attentionné, et couvait sa fille d'un regard débordant d'adoration. Rachel le lui rendait bien, buvant ses paroles et lui vouant une admiration proche de l'idolâtrie. En dépit de la maladresse qui sous-tendait leurs rapports, il y avait à n'en pas douter un amour sincère entre eux. Et tout aurait certainement été pour le mieux dans le meilleur des mondes si Conrad Wyatt n'avait pas fait obstacle au développement de cette relation.

Alex avait cependant un ennemi plus dangereux encore que son beau-père : lui-même. Sa réaction à la mort de sa femme était compréhensible, mais il faisait le jeu des Wyatt en se laissant emporter par la colère. Si Kate n'était pas intervenue, le matin même, il aurait sûrement sauté au cou de Conrad pour l'étrangler.

Plus tard dans la matinée, tandis qu'ils sirotaient une boisson chaude dans un snack situé au milieu du parc, Kate observa à la dérobée son compagnon, tentant de lire dans ses pensées. Il s'inquiétait sans doute pour sa fille, et qui pouvait l'en blâmer ? Rachel paraissait excessivement fragile — impression que renforçaient sa maigreur et ses yeux d'un vert intense, presque trop grands pour l'ovale de son visage.

— Vous croyez que Conrad lui ment souvent sur votre compte ? s'enquit discrètement Kate.

— Comment voulez-vous que je le sache ? repartit Alex, la mine lugubre. Tout est ma faute. Je n'aurais pas dû me laisser aller après la mort de Pam.

— Vous n'avez pas à vous en vouloir. Et puis, Rachel n'est qu'une enfant. Vous avez tout l'avenir devant vous.

— Papa ? intervint la petite fille à cet instant. Tu avais dit que tu me montrerais le nouveau bébé cheval.

— Le poulain, corrigea Alex en ébouriffant affectueusement ses cheveux blonds.

— Le poulain, oui, répéta-t-elle gravement. On va chez toi ?

— Jamaïca Hill est aussi ta maison, tu sais.

— Non, déclara Rachel en sautant à bas de son tabouret.

Une expression blessée voila momentanément les traits d'Alex, puis il demanda :

— Pourquoi non ? Tu sais, si tu habites avec tes grands-parents, c'est juste parce que papa a été malade.

— Ah bon ? Mais grand-papa a dit que tu ne voulais plus que j'habite avec toi.

— C'est faux ! se récria Alex, avec tant de fureur que la fillette recula d'un pas.

Kate lui adressa un regard d'avertissement et il soupira, avant de reprendre avec douceur :

— Je veux seulement dire que tu m'as terriblement manqué. Jamaïca Hill n'est rien sans toi.

Rachel parut déroutée par cette explication, et Kate se hâta d'ajouter :

— C'est vrai. Ton papa s'ennuie terriblement de toi.

— Grand-papa dit que je te dérangerais, et que tu as sûrement donné ma chambre à une autre petite fille.

A ces mots, Alex se crispa visiblement.

— Tu te trompes, intervint Kate. Il n'y a aucune autre petite fille à Jamaïca Hill.

— C'est vrai, renchérit Alex, prenant visiblement sur lui pour garder une mine composée. Tu me manques, Rachel. Aucune autre ne pourra jamais te remplacer.

— Alors, je veux bien habiter à Jamaïca Hill.

— Bientôt, ma chérie. Bientôt, tu y habiteras de nouveau. Mais, pour aujourd'hui, il va falloir faire semblant.

Ils regagnèrent enfin la propriété, et ce ne fut que lorsqu'ils en franchirent l'entrée que Rachel s'arrêta de chantonner pour demander :

— Est-ce que tu aimerais avoir une petite fille, Kate ?

— Eh bien, j'ai une petite fille. Enfin, pas si petite que ça. Elle a douze ans, en fait. Elle s'appelle Joanne.

— Elle va à l'école ? interrogea Rachel après quelques instants de réflexion.

— Oui. Mais elle est... en vacances, pour le moment.

— Je pourrais la voir ?

— Bien sûr, intervint Alex. Pourquoi ne la feriez-vous pas venir un de ces jours, Kate ?

— Ici ? A Jamaïca Hill ?

— Pourquoi pas ? Elle n'a pas grand-chose à faire, en ce moment...

— Ce n'est pas le problème.

— Quel est le problème, alors ? Oh, j'avais oublié. Elle est au mitard, c'est ça ?

— C'est quoi le mitard ? s'enquit Rachel en se penchant entre les deux sièges avant.

— Joanne n'a pas été sage, expliqua Kate avec un soupir.

Elle n'appréciait guère la familiarité croissante d'Alex à son égard. Ou plutôt, elle l'appréciait plus qu'elle ne l'aurait voulu, et cela la mettait d'une humeur massacrante.

— Que diriez-vous de déjeuner avec nous, Kate ?

interrogea à cet instant son employeur, tout en coupant le contact. Ça ne te dérange pas, Rachel ?

— Est-ce qu'il y aura Joanne ?

— Pas aujourd'hui, ma chérie, répondit son père en riant. Peut-être pour ta prochaine visite.

Rachel parut sur le point de protester, puis elle poussa un cri de joie en voyant Mme Muir paraître sur le perron, une peluche dans les mains.

— C'est Agnes et Peter le lapin !

Sautant à terre, elle courut vers la gouvernante et se jeta dans ses bras. Kate descendit avec nettement moins d'empressement, se demandant s'il était sage d'accepter l'invitation, et même l'accueil chaleureux de Mme Muir ne parvint pas à dissiper les doutes qui la tenaillaient.

Sa marge de manœuvre, cependant, était presque nulle. Chacun semblait avoir implicitement admis qu'elle restait à déjeuner, et il aurait été particulièrement impoli de refuser maintenant. De plus, quoiqu'elle répugnât à entrer dans l'intimité d'Alex Kellerman, elle ne pouvait négliger totalement l'intérêt qu'une telle opportunité représentait pour son enquête.

Faisant taire ses scrupules, elle décida de tirer le meilleur parti de la situation qui s'offrait à elle. Mais sa résolution ne tarda pas à être mise à rude épreuve lorsque Mme Muir entraîna Rachel vers la cuisine, la laissant de nouveau seule avec Alex dans la bibliothèque.

— Vous buvez quelque chose ?

Cette fois-ci, Kate soupçonnait qu'il lui faudrait une boisson un peu plus forte que du jus d'orange...

— Vous avez du Martini ? interrogea-t-elle d'une voix mal assurée.

— Bien sûr. Je vous apporte ça tout de suite. Mettez-vous à l'aise.

A l'aise ? La chose était plus facile à dire qu'à faire. Mais Kate parvint à sourire et s'installa dans le fauteuil qu'elle avait occupé lors de sa dernière visite. Présentant ses deux mains devant le feu, elle tenta de se décontracter, mais ses genoux persistaient à trembler. Elle dut les serrer l'un contre l'autre pour dissimuler sa nervosité.

— Et voilà, vous êtes servie.

Elle tressaillit, surprise de n'avoir pas entendu Alex revenir vers elle. L'épais tapis qui recouvrait le sol avait dû étouffer le bruit de ses pas.

— Oh, merci...

Se sentant rougir, elle piqua du nez dans son verre. Alex marmonna un juron, s'éloigna de quelques pas et déclara avec une évidente impatience :

— Vous n'avez rien à craindre de moi, vous savez. Je n'ai pas pour habitude de profiter de mes invitées. Pas à notre premier rendez-vous, en tout cas, ajouta-t-il avec une grimace.

— Ce n'était pas un rendez-vous.

— Non. C'est encore pire. J'ai profité de vous sans même avoir à payer l'addition.

— Oublions cela, voulez-vous ? Hmm, votre Martini est délicieux.

— Ce n'est pas trop fort pour vous ? Je ne voudrais pas que l'on m'accuse de tenter de vous soûler.

— Si vous souhaitez que je m'en aille..., commença Kate.

— Que vous vous en alliez ? Non. En fait, j'aimerais que nous arrêtions de nous harceler mutuellement. J'espérais même que nous deviendrions amis.

*Amis ?*

L'idée lui parut tellement incongrue que Kate faillit s'étouffer sur son verre. Si Alex découvrait sa véritable profession, jamais il ne lui pardonnerait... et leur « amitié » serait brisée avant même d'avoir commencé !

— Ecoutez, marmonna-t-elle, vous n'avez pas à essayer de vous justifier, ni à sympathiser avec moi. Ce qui est arrivé est arrivé, et il serait parfaitement inutile de le nier.

Elle marqua une pause d'une fraction de seconde, puis enchaîna sur un tout autre sujet :

— Est-ce que... Est-ce que Mme Sheridan et vous êtes bons amis ?

— Lacey ? Oui, je crois que l'on peut dire ça. Pourquoi cette question ?

— L'un des palefreniers m'a appris qu'elle était allée à Doncaster avec vous.

— Ah.

Alex avait eu un soupir résigné, et Kate espéra qu'elle ne venait pas de commettre un impair. Elle ne voulait surtout pas lui laisser à penser qu'elle avait interrogé son personnel.

— C'était bien Mme Sheridan qui... qui...

— Qui nous a interrompus la semaine dernière ? coupa son compagnon avec un sourire. Oui, c'était bien Lacey. Elle et moi nous connaissons depuis un bout de temps, à présent. Mon père et son mari étaient très amis.

— Mais votre père ne l'accompagnait pas à Doncaster.

Kate regretta aussitôt sa remarque, qui pouvait passer pour de la jalousie, mais Alex ne lui adressa qu'un bref regard avant d'expliquer :

— Elle est veuve, aujourd'hui. Son mari était bien plus âgé qu'elle. Il est mort il y a des années. Depuis, elle et moi avons tenté de maintenir un rapport... amical. Ça n'a pas toujours été facile.

— Ah non ?

— Non. Elle ne m'a jamais pardonné d'avoir épousé Pam. Et lorsque Alicia était là, elle a tout fait pour la mettre dehors.

— Alicia ? répéta Kate, feignant la plus parfaite incompréhension.

— Oui, Alicia Sawyer, expliqua-t-il avec réticence. Elle occupait votre poste. Voulez-vous un autre verre ?

— Pardon ? Oh, non, merci. Celui-là me suffit amplement. Et... Est-ce qu'elle a trouvé un nouvel emploi ?

— Qui ?

— Eh bien, cette Alicia, murmura Kate, n'osant regarder son compagnon dans les yeux.

— Elle est partie. Plutôt brusquement. Mais je n'ai pas très envie de discuter de Mme Sawyer.

— Je suis désolée.

— Aucune importance. Je suis simplement un peu susceptible sur le sujet. Quoi qu'il en soit, Lacey ne veut que mon bien, à sa façon.

— Est-ce qu'elle fait de l'élevage, elle aussi ? interrogea Kate, feignant le plus grand intérêt pour la chose.

— Elle possède deux juments et un étalon primé, mais elle n'est pas véritablement éleveur. Elle n'a pas les structures nécessaires pour cela. Elle préfère en laisser le soin à d'autres.

— Vous, en l'occurrence ? Avec tous les chevaux que vous avez...

— Je n'ai que peu de chevaux à moi, corrigea Alex. Mon métier consiste à accueillir les chevaux des autres et à les former. Nous pouvons nous occuper de la saillie, si c'est ce que le propriétaire désire, mais l'essentiel de mon travail consiste à entraîner les jeunes chevaux.

— Vous assistez pourtant à des courses et à des ventes, il me semble ?

— En tant qu'intermédiaire, oui.

— Mais je croyais...

— Que je possédais toutes les bêtes qui sont ici ? Je ne suis pas si riche que cela, Kate, quelle que soit l'impression que vous ayez pu tirer de la lecture de la presse à scandale.

— Non, je ne voulais pas dire que...

Kate s'interrompit, eut un geste d'impuissance et reprit :

— Parlez-moi plutôt de vos débuts. Vous avez toujours voulu élever des chevaux ?

— Loin de là. Je voulais être psychologue. Mais mon père n'a rien voulu entendre. J'étais son seul héritier, et il avait fermement l'intention de me voir lui succéder.

— Et ça ne vous dérangeait pas ?

— Bien sûr que si ! Mais je me suis aperçu que le métier n'était pas si éloigné de celui que je voulais faire.

— Vraiment ? Comment cela ?

— Disons qu'une bonne dose de psychologie fait partie des qualités nécessaires à un bon éleveur. Le mental d'un cheval de course est aussi important pour sa réussite que son physique. Si l'animal est en parfaite santé mais qu'il a mauvais caractère, vous n'en tirerez jamais rien.

— Comment savoir s'il a un mauvais caractère, justement ?

— Un cheval vicieux, par exemple, aura tendance à coucher ses oreilles en arrière et à découvrir ses dents, répondit Alex après un moment d'hésitation. Et si vous essayez de savoir pourquoi ma femme a choisi de monter un cheval pareil, posez-moi franchement la question.

— Ce n'était pas mon intention ! protesta Kate, surprise de constater qu'elle en avait presque oublié son enquête.

— Quoi qu'il en soit, sachez que Jackson, le cheval qu'a pris Pam ce jour-là, ne présentait pas les signes habituels. Il avait l'air parfaitement normal. Simplement, parfois, il lui arrivait de devenir incontrôlable. J'avais d'ailleurs décidé de m'en débarrasser.

Kate termina son verre, troublée. La tension était montée d'un cran, dans la pièce, et l'expression d'Alex s'était assombrie. L'arrivée de Rachel, qui leur annonça que le repas était servi, permit heureusement de détendre l'atmosphère. Elle assaillit son père de questions, lui rendant peu à peu le sourire et l'obligeant à lui accorder son entière attention. Guère fâchée de cette diversion, Kate se surprit à respirer plus librement.

Sitôt après le repas, la petite fille insista pour lui faire visiter sa chambre, qu'elle parut rassurée de trouver conforme au souvenir qu'elle en avait. Katc supposa qu'Alex l'avait délibérément laissée en l'état, avec son papier peint coloré et ses peluches rangées le long du mur. Elle joua quelques instants avec Rachel, rougit lorsque son employeur les surprit dans une crise de fou rire et, prétextant un travail à finir, elle s'éclipsa enfin.

Elle trouva refuge dans son bureau, dont elle ferma la porte à clé derrière elle. Elle aurait infiniment aimé rester avec Alex et sa fille, mais elle devait également se garder d'oublier les véritables raisons de sa présence ici. Le problème était que, plus elle fréquentait son employeur, plus elle était persuadée de son innocence.

Or ce n'était pas du tout dans ce but qu'Henry Sawyer l'avait engagée...

# 9.

— Alors ? Qu'avez-vous découvert ?

Assis en face d'elle dans son bureau, Henry Sawyer posait sur Kate un regard impatient. Il avait appelé sa secrétaire la veille pour exiger un rendez-vous — une nouvelle fois en dehors des horaires de travail, ce dont elle n'avait pas eu à se plaindre. Il lui aurait en effet été difficile de demander à Alex un nouveau congé. Quelle excuse lui aurait-elle fournie ? Qu'elle devait rencontrer l'homme qui voulait ruiner sa vie ?

Tentant de dissimuler l'embarras que lui avait causé la question de son client, elle lui adressa un sourire affable. Que lui dire ? Elle avait besoin de davantage de temps. Il n'était pas facile, en effet, de gagner la confiance de quelqu'un en l'espace de deux courtes semaines.

— Votre femme a disparu de Jamaïca Hill il y a près de deux mois, avança-t-elle.

— Je le sais ! C'est moi qui vous l'ai dit. Avez-vous découvert où elle est allée ? Kellerman vous a-t-il donné une piste ?

— Eh bien, selon lui, elle était partie... brusquement, murmura Kate, répugnant à lui apprendre qu'elle n'avait pas avancé d'un pouce.

— J'imagine, oui, maugréa Henry. Si elle est partie...

Ce salaud a réponse à tout. Je ferais attention, à votre place, madame Ross. Vous ressemblez beaucoup à Alicia.

— C'est ridicule.

— Non. Vous êtes une très belle femme, tout à fait selon les goûts de Kellerman. Il les aime blondes et minces. Peut-être même un peu plus plantureuses que vous.

Kate ne savait si elle devait se sentir flattée ou offusquée.

— Nous ne sommes pas là pour parler de moi, monsieur Sawyer, répliqua-t-elle avec embarras. Si vous voulez mon avis, votre femme est partie de son plein gré.

— Bien. Et où est-elle, à présent ?

— Je ne sais pas, reconnut Kate. Pas encore. Je progresse lentement.

— Parce que vous appelez « progresser » le fait de me dire ce que je sais déjà ? ricana son vis-à-vis.

— J'ai besoin de temps pour gagner la confiance des gens. Si je me mets à poser imprudemment des questions, cela éveillera les soupçons de M. Kellerman. Et s'il me renvoie, j'aurai perdu mon temps et votre argent.

— Justement, parlons-en, de mon argent. Il se pourrait que je veuille le récupérer.

— N'y comptez pas, riposta Kate avec une fermeté dont elle fut la première surprise. Votre enquête m'a forcée à refuser d'autres offres. Je vous ai expliqué cela lorsque vous êtes venu me voir. A présent, si vous n'êtes pas satisfait, nous pouvons parfaitement en rester là.

— C'est bon, ne vous fâchez pas. Mais le fait est que... je suis inquiet. Dans une semaine, cela fera trois mois qu'elle a disparu.

Kate aurait aimé pouvoir compatir à son sort mais, plus elle connaissait Henry Sawyer, plus elle était persuadée que son épouse avait disparu de son plein gré.

Après lui avoir remis une somme d'argent substantielle, son client la quitta enfin, non sans lui avoir fait promettre de l'appeler dès qu'elle aurait une information. Décidant que la journée avait été assez longue, Kate rentra sans plus tarder chez elle.

Là, une note scotchée au réfrigérateur lui apprit que Joanne et sa mère étaient au cinéma. Avec un coup d'œil maussade au reste de ragoût qui refroidissait dans une casserole, la jeune femme décida qu'une omelette lui suffirait amplement. Mais, auparavant, une bonne douche l'aiderait sans doute à chasser la fatigue de cette éprouvante semaine...

Elle venait de sortir de la salle de bains lorsqu'elle entendit la sonnerie de la porte d'entrée. Passant un peignoir éponge, Kate traversa sa chambre pieds nus et se rendit dans le hall. Qui pouvait bien lui rendre visite ? Ce ne pouvaient être sa mère et Joanne, puisque chacune avait sa propre clé.

Par précaution, elle mit la chaîne de sûreté en place avant d'ouvrir. Elle tira le battant... et écarquilla les yeux. C'était Alex Kellerman !

— Bonsoir, dit-il. J'espère que je ne vous dérange pas ?

Kate ne sut que répondre. Que venait-il faire ici ? Avait-il découvert, par une malheureuse coïncidence, sa véritable identité ?

— Je... hmm, non, balbutia-t-elle enfin, passant une main nerveuse dans ses cheveux trempés. J'étais sous ma douche. Vous êtes là depuis longtemps ?

— Non. J'ai vu votre voiture garée dans la rue, en passant. J'ai pensé que vous étiez sûrement chez vous. Vous devez vous demander ce qui m'amène ?

— Oui, en effet.

Comprenant qu'elle ne pourrait continuer cet entretien à travers l'entrebâillement, elle défit la chaîne et ouvrit en grand.

— Entrez, je vous en prie. Le salon est par ici.

— Merci.

Bien qu'elle eût fait un pas de côté, il l'effleura en passant devant elle. Kate ferma fugitivement les yeux et, sentant ses jambes se mettre à trembler, elle s'efforça de reprendre le contrôle d'elle-même.

Il se tenait au milieu du salon lorsqu'elle le rejoignit, emplissant la pièce de son impressionnante présence.

— Asseyez-vous, suggéra-t-elle avec un sourire crispé. Puis-je vous offrir à boire ?

— Non, merci.

Après avoir pris place sur le canapé, il promena un regard curieux autour de lui, dans un silence oppressant.

— Je me suis toujours demandé à quoi ressemblait votre appartement, déclara-t-il enfin.

— Eh bien, maintenant, vous le savez. Est-ce que... quelque chose ne va pas ? Est-ce la raison de votre visite ?

— Non. En fait, c'est Joanne que je suis venu voir.

— Joanne ? répéta Kate, tout en essuyant ses paumes moites sur son peignoir. Elle n'est pas là. Elle est allée au cinéma avec sa grand-mère.

— Dommage. Savez-vous à quelle heure elle rentrera ?

— Aucune idée. Mais je peux lui laisser un message, si vous le désirez.

— Oui, vous pourriez, déclara Alex en se redressant. Mais je préfère la voir.

— Bien. Si c'est personnel...

— Ce n'est pas personnel. Au fond, je... je ne cherchais qu'une excuse pour venir vous voir.

— Vous pouvez me voir quand vous voulez, fit valoir Kate, de plus en plus nerveuse. Je travaille pour vous.

— Je le sais.

Le regard qu'il posait sur elle était affreusement troublant, et Kate s'interrogea en silence sur les véritables raisons de sa présence. Elle ne croyait pas une seconde à son supposé désir de voir Joanne.

— Dites-moi, reprit-il en faisant un pas dans sa direction. Que pensez-vous vraiment de moi ? Est-ce que je vous fais peur ?

— Vous ne me faites pas peur, mentit Kate, qui avait pourtant failli faire un pas en arrière lorsqu'il s'était approché.

— Mais vous n'êtes pas persuadé de mon innocence. Bien. Au moins, je sais à quoi m'en tenir.

— Je ne voulais pas...

— Dites à Joanne que je l'appellerai dans les jours prochains.

— Mais attendez donc !

— Oh, vous ne voulez plus que Joanne m'approche, c'est ça ?

— C'est ridicule.

— Quoi, alors ? Vous allez inventer une excuse pour l'empêcher de venir à Jamaïca Hill ?

— Non. Ce n'est pas ça. Je voulais vous dire que... que je ne pense pas que vous ayez tué délibérément Pamela.

Alex la regarda quelques secondes avec stupeur, puis partit d'un rire féroce.

— Vous ne croyez pas que je l'ai tuée *délibérément* ? Comme c'est aimable à vous ! Me voilà infiniment soulagé !

Il s'apprêta à tourner les talons, mais Kate le retint avec irritation.

— Ecoutez, la vérité, c'est que je n'ai pas les moyens de juger. Je n'étais pas là, et je ne sais rien des faits. Mais je ne vous crois pas coupable. Ça ne vous satisfait pas ?

— Il faudra bien que ça me satisfasse, marmonna-t-il.

Il se tourna de nouveau et se dirigea vers la porte, visiblement abattu. Sans réfléchir, Kate courut se mettre en travers de son chemin.

— Ne partez pas !

— Pourquoi pas ? s'enquit Alex, impassible. Je suppose que vous n'avez pas envie que votre mère et votre fille me trouvent là ?

Kate hésita un instant, se répétant qu'elle était en train de commettre une folie, mais elle finit par céder à une pulsion plus forte que sa volonté.

— Elles ne reviendront pas avant plusieurs heures. Restez au moins prendre un verre.

— Je ne crois pas que ce serait sage, étant donné les circonstances, fit valoir son compagnon d'un ton sec.

— Pourquoi ? rétorqua Kate avec une audace dont elle ne se serait pas crue capable. Vous avez mieux à faire ?

— Oui.

— Puis-je savoir quoi ?

— Sortir d'ici, pour commencer. A présent, voulez-vous bien vous pousser que je puisse ouvrir la porte ?

— Et si je refuse ?

Il parut sur le point de répondre avec véhémence, puis il prit une inspiration et déclara calmement :

— Arrêtons ce petit jeu, d'accord ? Nous savons très bien ce qui se passerait si j'acceptais votre invitation, et je n'ai pas envie que vous m'accusiez une nouvelle fois de harcèlement.

— Je ne vous ai pas accusé de harcèlement !

— C'est vrai. Mais vous avez piqué un sprint la dernière fois que j'ai posé la main sur vous.

— Parce que cette femme est arrivée !

— Lacey, oui. Mais vous n'étiez guère coopérative, avant son arrivée.

— Peut-être. J'étais... surprise. Mais... ça ne vous a pas dérangé ?

— Oh, si, ça m'a dérangé.

— Non, corrigea Kate en s'empourprant. Je parle de l'irruption de Mme Sheridan.

— Pas particulièrement. Nous sommes amis depuis dix ans, vous savez. Si elle choisit d'entrer chez moi sans se faire annoncer, qu'elle ne vienne pas se plaindre de tomber sur un spectacle qui ne lui plaît pas.

— Vous croyez qu'elle serait ressortie, si j'étais restée ?

— Connaissant Lacey, non, c'est peu probable.

— J'ai donc bien fait de vous laisser.

— Je ne vous reproche pas de m'avoir laissé, mais d'être partie comme si vous aviez tous les démons de l'Enfer à vos trousses. A croire que je venais de vous agresser ! Enfin, j'imagine que c'est ce que je faisais...

— Non ! se récria Kate, instinctivement.

Croisant le regard dérouté d'Alex, elle rougit et bredouilla :

— Ce n'était pas votre faute... J'ai eu tort de vous provoquer, de critiquer votre mode de vie.

— Et ça me donnait le droit d'abuser de vous ?

— Franchement, vous ne me facilitez pas les choses.

— Peut-être est-ce le but de ma vie, railla son compagnon.

— Quoi donc ?

— Compliquer les choses. Gâcher la vie des autres.

— Vous ne gâchez que la vôtre ! Pourquoi êtes-vous si irritable ? Vous vouliez que nous soyons amis, non ?

— Non, ça ne m'intéresse plus. Mais vous avez raison. Je gâche ma vie. Vous ne pouvez pas savoir à quel point...

— Expliquez-moi, alors ! demanda impulsivement la jeune femme.

— Ça vous intéresse vraiment ?

— Bien sûr !

— Bon, dans ce cas, j'accepte le verre que vous m'avez proposé.

Soulagée, Kate le suivit des yeux tandis qu'il retournait vers le salon.

— Je n'ai pas beaucoup de choix, annonça-t-elle en lui emboîtant le pas. Juste du vin, de la bière ou du jus de fruit. Avez-vous mangé, au fait ?

— Parce que vous voulez me nourrir, en plus ?

— Eh bien, je m'apprêtais à faire une omelette, expliqua-t-elle avec un haussement d'épaules. Et peut-être une salade. Je pense qu'il y en aura assez pour deux.

— Ça me va. A la condition que vous me laissiez vous aider.

Kate acquiesça, mais le regretta dès qu'ils se retrouvèrent tous deux dans son étroite cuisine. Elle ne pouvait faire un mouvement sans frôler Alex, et se serait volontiers passée de cette intimité forcée.

— Avez-vous décidé de ce que vous vouliez boire ? s'enquit-elle avec une nonchalance feinte.

— J'attendrai de manger. Avez-vous besoin d'aide ?

— Oui. Pourriez-vous ouvrir le vin ? Il est derrière vous, et le tire-bouchon est dans ce tiroir.

— D'accord.

Du coin de l'œil, tandis qu'elle sortait les œufs du réfrigérateur, Kate le vit desserrer sa cravate et remonter ses manches. Ses avant-bras étaient tannés, et leur musculature trahissait l'homme habitué à vivre au grand air. Comme une femme devait se sentir vulnérable, entre ses mains...

— Saviez-vous que votre mari vous trompait ? demanda brusquement Alex, l'arrachant à ses troublantes méditations.

— P-Pardon ?

— Vous m'avez entendu.

— Eh bien... Non, répondit-elle après une hésitation. Mais...

— Moi non plus. Je veux dire, je ne savais pas que Pam me trompait. Je devais bien être le seul, d'ailleurs.

— Pourquoi dites-vous cela ?

— Parce que son amant était l'un des employés. Il s'appelait Muir. Philip Muir.

— Le fils d'Agnes Muir ? s'exclama Kate, abasourdie.

— Vous en avez entendu parler ?

— Je sais qu'il est mort. J'ai rencontré Mme Muir au supermarché, l'autre jour, et elle m'a invitée à prendre un café. Quand je lui ai dit que mon mari était décédé, elle m'a parlé de son fils.

— Elle vous a dit autre chose ? interrogea Alex, sourcils froncés.

— C'était une conversation anodine. Pas un interrogatoire, si c'est ce que vous voulez savoir.

— Vous ignorez donc que Philip s'est suicidé six semaines après la mort de Pamela ?

— Oui. Est-ce que... Est-ce qu'il y avait un rapport ?

— Avec le fait qu'elle était enceinte, vous voulez dire ? Je suppose. Pam avait apparemment rompu avec lui deux semaines avant son accident.

— Je croyais que vous ne saviez rien de leur liaison ?

— Les Muir me l'ont dit après coup. Vous ne laissez rien passer, n'est-ce pas ?

« C'est mon métier », faillit répondre Kate. Elle se retint de justesse et, tremblant d'une peur rétrospective, entreprit de casser une demi-douzaine d'œufs dans un bol.

— Portez-vous quelque chose sous ce peignoir ?

La question la surprit tant qu'elle faillit renverser le bol dans l'évier !

— Est-ce que vous posez toujours des questions aussi personnelles ? Ou prenez-vous juste un malin plaisir à me choquer ?

— Je suis curieux, c'est tout. Je me rappelle la douceur de votre peau, lorsque je vous ai embrassée, dans la bibliothèque. Je mourais d'envie d'ôter vos vêtements. Bien sûr, je ne me serais jamais permis de le faire.

— Mais vous ne voyez aucun inconvénient à m'en parler ! s'exclama Kate, oscillant entre l'indignation et un sentiment plus trouble, qu'elle préférait ne pas nommer.

— Je suis désolé. Je réfléchissais à voix haute.

— Vous croyez que c'est une excuse ? grommela la jeune femme en entreprenant de battre les œufs. Je...

Elle se tut brusquement. Son compagnon s'était approché d'elle, et, posant les mains sur le rebord de l'évier, il l'immobilisa.

Prise de court, Kate mit quelques instants à recouvrer ses esprits. Sa raison lui commanda de se retourner et de gifler Alex. Elle pivota donc mais, au lieu de le gifler, glissa les mains derrière sa nuque et l'embrassa.

Bien qu'il eût pris l'initiative en se plaquant contre elle, il parut singulièrement surpris de son audace. Avec un gémissement de désir, il l'attira plus étroitement contre lui et lui rendit son baiser. Puis il insinua une main entre les pans de son peignoir et, effleurant ses cuisses, il écarta les pétales moites de sa féminité.

Kate voulut protester, mais un spasme d'une violence inouïe la saisit et l'ébranla jusqu'au plus profond de son être. Il lui sembla même perdre un instant connaissance, mais elle était toujours dans la même position lorsqu'elle rouvrit les yeux. Son cœur battait la chamade, sa respiration s'était faite rauque et sifflante.

— Vous êtes rapide, commenta Alex, un sourire taquin aux lèvres.

— Ce n'est... Ce n'est pas juste.

— Qu'est-ce qui n'est pas juste ?

— Vous êtes encore habillé...

— Oh, ça ? Je peux y remédier facilement. Mais d'abord...

Sans achever sa phrase, il souleva Kate dans ses bras et la transporta sans effort jusqu'au canapé. Là, elle se débarrassa frénétiquement de son peignoir et fixa sur lui un regard impatient. Un reste de raison lui criait qu'elle aurait dû rougir d'un tel comportement, mais elle ne l'écoutait déjà plus. Alex était en train de se déshabiller, sous ses yeux, et elle dut faire un suprême effort de volonté pour ne pas lui arracher ses vêtements tant elle le trouvait lent.

Il se trouva enfin nu devant elle, et Kate frémit violemment en avisant la force de son désir. Alex était aussi beau qu'elle se l'était imaginé, peut-être plus encore. Des muscles impressionnants roulaient sous sa peau au moindre de ses mouvements, mais cette puissance n'allait pas sans une grâce troublante. Après une seconde d'hésitation, il s'agenouilla près d'elle et entreprit du bout des lèvres une exploration méthodique et exhaustive de son corps.

Lorsque enfin il se redressa pour s'allonger à son tour sur le canapé, Kate était déjà ivre de plaisir. Ce n'était pourtant rien en comparaison de ce qu'elle éprouva lorsqu'il s'immisça en elle, glorieux et conquérant.

— Tu es magnifique, murmura-t-il d'une voix éraillée par l'émotion.

— Oh, Alex... Maintenant... Maintenant !

Aspirant à une fusion plus complète encore, elle noua ses jambes derrière la taille de son compagnon et s'abandonna totalement à son étreinte. Elle l'entendit répéter son nom, encore et encore, puis les sons se firent plus distants à mesure que s'ouvraient les portes d'un monde dans lequel elle sombrait à toute allure.

Soudain, tout parut s'arrêter. La course des étoiles se figea, le temps sembla aboli. Enfin, une explosion multicolore l'emplit tout entière, et elle retomba avec un cri de plaisir sur le canapé, extatique et incrédule.

# 10.

Alex regagna Jamaïca Hill de meilleure humeur que jamais. Il venait de passer quelques-unes des heures les plus extraordinaires de son existence. Mais la soirée avait filé si vite que Kate et lui avaient tout juste eu le temps de se rhabiller avant le retour de Joanne et de sa grand-mère.

Ellen Ross n'avait manifesté aucun enthousiasme à son égard — ce dont il ne pouvait la blâmer. Elle ne le connaissait que par ce qu'elle avait lu sur lui dans les journaux, après tout, et il était encore un peu tôt pour espérer être accueilli à bras ouverts.

Un peu tôt ?

Alex fronça les sourcils, tandis qu'il franchissait les portes de la propriété. Il n'envisageait tout de même pas une relation durable sous prétexte qu'il venait de passer un moment agréable avec une femme ? Bon, d'accord, agréable était un euphémisme. En fait, il adorait la compagnie de Kate.

Mais de là à envisager une liaison sérieuse, il y avait un pas qu'il préférait se garder de franchir. Si du moins ce n'était pas déjà fait, puisqu'il avait impulsivement proposé à Joanne de passer aux écuries la prochaine fois que Rachel serait là. A croire qu'il avait hâte que les deux filles fassent connaissance...

Secouant la tête avec irritation, il tira le frein à main,

descendit de la Range Rover et inspira une froide bouffée d'air nocturne. Décidément, tout cela allait bien trop vite pour lui. Il avait d'ailleurs été imprudent d'accepter un rapport non protégé avec Kate. Elle lui avait assuré qu'il n'y avait aucun risque, mais un accident était vite arrivé.

Il se dirigea lentement vers la maison, pensif, les mains fourrées au fond de ses poches. Pourquoi la perspective d'avoir un enfant de Kate ne l'horrifiait-elle pas comme elle l'aurait dû ? Pourquoi ne pouvait-il se défaire de ce désir presque impulsif de se perdre de nouveau en elle, et d'oublier dans la chaleur de son être les soucis qui l'accablaient ?

A son grand dam, il n'eut pas l'occasion de revoir la jeune femme au cours des deux jours qui suivirent. Un éleveur de ses amis, qui l'avait toujours soutenu malgré son procès et les rumeurs qui avaient couru sur son compte, lui téléphona pour lui demander d'assister à une vente dans le York, et d'évaluer les qualités d'une jument qu'il convoitait. Il lui demanda de venir de Jamaïca Hill avec une remorque, pour ramener le cheval et l'entraîner ensuite au cas où il se déciderait à l'acheter.

Hésitant, Alex songea un instant à envoyer l'un de ses employés à sa place. Mais l'éleveur était un bon ami, et n'avait pas pour habitude de lui demander des faveurs. Aussi décida-t-il, en définitive, d'aller en personne assister à la vente.

Il envisagea d'appeler Kate avant de partir, pour la prévenir qu'il devait s'absenter mais, là encore, il se ravisa. Tous deux avaient certainement besoin d'un peu de temps, afin de réfléchir à la suite possible de leur relation. Lui-même, malgré sa résolution de garder la tête froide, bouillait d'impatience de la revoir. Quelques jours loin de Jamaïca Hill lui feraient certainement le plus grand bien.

Pourtant, sitôt qu'il se trouva sur l'autoroute qui filait vers le nord, il regretta d'avoir écouté sa conscience. Et si la jeune femme croyait qu'il était parti à cause d'elle ? Cette seule idée suffisait à lui donner des sueurs froides ! Il l'appellerait dès qu'il arriverait à son hôtel...

Après une heure de trajet, cependant, il renonça à son projet. Il ne voulait pas courir le risque de tomber sur Ellen Ross, qui ne manquerait pas de comprendre qu'il s'était passé quelque chose entre sa fille et lui. Sam Guthrie expliquerait très certainement à Kate la raison de son départ. Il n'avait donc pas à craindre de malentendu.

Par la suite, il eut beau décider de se concentrer sur ses affaires, son esprit le ramenait immanquablement vers la jeune femme. Même les négociations pour la vente de la jument ne parvinrent pas à le distraire, et il préféra en fin de compte rentrer le soir même avec le cheval plutôt que de repartir le lendemain, comme il l'avait initialement prévu.

Le trajet du retour se révéla horriblement long, du fait du mauvais temps et de la remorque qui l'empêchait de conduire aussi vite qu'il l'aurait souhaité. L'averse s'amplifia lorsqu'il s'arrêta pour laisser respirer un peu la jument, mais il n'y prêta pas garde. Même trempé jusqu'aux os, il ne pensait qu'à une chose : démêler l'écheveau des possibilités qui s'offraient à lui.

Il parvint à Jamaïca Hill fort tard dans la nuit, et en proie à une virulente migraine. Ses muscles étaient moulus par les longues heures de route, ses paupières se fermaient d'elles-mêmes. Il se rendit cependant dans la bibliothèque avant d'aller se coucher, sortit un soda frais du bar et, sans allumer la lumière, s'installa devant les restes rougeoyants du feu.

Il s'était à peine assis que Mme Muir entra dans la pièce.

— Dieu merci, vous êtes là ! Vous auriez pu prévenir que vous rentreriez si tard !

— Je ne savais pas qu'il y avait un couvre-feu, répondit Alex avec un geste d'irritation.

— Oh, je vois que vous n'êtes pas au courant, geignit la gouvernante en se tordant les mains. Vous n'avez pas vu Sam ?

— A cette heure de la nuit ? Et au courant de quoi, d'abord ?

— La police est venue...

— La police ? s'exclama-t-il en bondissant de son siège. Est-ce que... est-ce qu'il est arrivé quelque chose à Rachel ?

— Non, non, Rachel va bien. C'est pour vous qu'ils sont venus. Ils disent que... qu'Alicia Sawyer a disparu. Personne ne l'a vue depuis qu'elle a quitté Jamaïca Hill.

— Alicia ? répéta Alex, se détendant quelque peu. En quoi cela me regarde-t-il ?

— Vous le leur demanderez. Je leur ai dit que nous ne savions rien, mais ils ont apparemment trouvé quelque chose qui les a fait remonter jusqu'ici.

Alex secoua la tête, tentant de saisir toutes les implications de ce coup de tonnerre. Alicia, disparue ? Il avait peine à y croire... Se laissant retomber dans son siège, il se prit la tête entre les mains.

— Vous vous sentez bien, monsieur Kellerman ?

— Oui, ne vous en faites pas.

— J'ai dit aux policiers de revenir demain matin. Il faudra tout leur dire...

— Que je leur explique quoi ? Vous ne croyez tout de même pas que j'ai quelque chose à voir dans la disparition d'Alicia ?

— Bien sûr que non, rétorqua la gouvernante avec une certaine impatience. Je sais parfaitement que cette femme vous a harcelé. C'est parce que vous ne lui avez pas cédé qu'elle est partie.

— Qui croira une chose pareille ?

— Moi. Et quand je parlais de tout dire à la police, je faisais allusion à Jim. Vous nous avez protégés assez longtemps, et je ne vous laisserai pas vous détruire davantage.

Alex renversa la tête en arrière et, après un soupir las, marmonna :

— Plus personne ne croira à ce que je pourrai dire. Ma seule chance, c'est qu'Alicia décide de réapparaître en apprenant ce qui se passe. En attendant, je resterai le principal suspect.

— Ce n'est pas juste...

— Non, mais c'est ainsi. Est-ce que la police vous a dit pour quelle raison elle a ouvert une enquête ? Vous pensez que Conrad Wyatt puisse être derrière tout cela ?

— Je ne sais pas, murmura Mme Muir, détournant brusquement le regard. Mais il y a quelque chose que... que je ne vous ai pas dit.

— Vraiment ? Ils n'ont tout de même pas trouvé le corps ?

— Non. C'est au sujet de son mari.

— Henry Sawyer ?

— Oui. C'est lui qui a signalé sa disparition.

— Et alors ?

— Eh bien... La police m'a appris qu'il avait eu recours à un détective privé de la ville pour confirmer ses soupçons.

— Vraiment ? Je ne savais même pas qu'il y avait un privé à Montford. Et vous pensez qu'il a réussi à s'introduire jusqu'ici ?

— Oh, oui, monsieur Kellerman... J'ai bien peur qu'il ne s'agisse de... de Mme Hugues.

Alex finit par aller se coucher, mais il ne ferma pas l'œil de la nuit. Tout son être criait vengeance, et il n'aurait su dire ce qui le retint de se lever et de se rendre chez Kate.

Peut-être le fait qu'il avait peine à croire à une telle trahison. Et dire qu'il était allé jusqu'à faire l'amour à une femme qui avait été envoyée pour le détruire ! Comment avait-il pu se montrer aussi imprudent, aussi crédule ?

Ainsi donc, tout ce qu'il avait partagé avec Kate — tout ce qu'il avait *cru* partager — n'avait été qu'une mascarade, une odieuse machination destinée à l'abattre définitivement. Ce qu'Alex peinait à comprendre, pourtant, c'était la raison pour laquelle la jeune femme l'avait laissé entrer chez elle si elle le prenait pour un meurtrier. N'était-ce pas agir avec légèreté pour une supposée professionnelle ?

Il se leva à l'aube, rejetant avec un certain soulagement ses draps froissés et baignés de sueur. Il ne servait à rien de se torturer sur le chagrin que cette femme lui faisait endurer, alors que la police menaçait de l'accuser d'un nouveau meurtre.

Décidant qu'il aurait besoin de tous ses moyens pour l'interrogatoire, il se força à manger quelques toasts et but plusieurs tasses de café noir. La police ne tarda pas à faire son apparition en la personne de l'inspecteur Rivers, un homme courtaud et antipathique qu'Alex se souvenait avoir croisé deux ans plus tôt.

S'efforçant de se montrer courtois, il le conduisit dans la bibliothèque et lui proposa une boisson chaude, que l'autre refusa d'un geste.

— Passons aux questions, si vous le voulez bien, dit l'inspecteur en faisant mine d'étudier les rayonnages. Quand avez-vous vu Mme Sawyer pour la dernière fois ?

— Elle a quitté Jamaïca Hill il y a deux mois.

— De son propre gré ?

— Oui. Nous avons eu une divergence d'opinions.

— Je vois. Et quand cette dispute a-t-elle eu lieu ?

— Ce n'était pas une dispute, corrigea sèchement Alex.

Puis, se rappelant brusquement les propos de Kate sur le fait qu'il était son propre ennemi, il prit une profonde inspiration et expliqua plus calmement :

— Ce n'était qu'un désaccord. Et je n'ai aucune idée de l'endroit où elle a pu aller après cela.

— Elle ne vous a laissé aucune adresse ?

— Non.

— Elle n'a aucun ami qui pourrait dire où elle est allée ?

— Je n'en ai pas la moindre idée. A présent, si c'est tout, sergent...

— Inspecteur, coupa sèchement Rivers, tournant vers lui un regard noir. Et non, ce n'est pas tout. Sachez que l'on a trouvé les bagages de Mme Sawyer dans une décharge de la ville.

Alex se figea, tandis que son sang refluait de son visage. Il savait que sa réaction jouait en sa défaveur, mais comment aurait-il pu rester impassible face à une telle nouvelle ?

— Qui... qui les a trouvés ? demanda-t-il, abasourdi.

— Des enfants, déclara le policier, tout en le dévisageant intensément. Avez-vous la moindre idée de la façon dont ces valises ont pu finir là ?

— Bien sûr que non.

— J'ai cru comprendre que vous vous étiez absenté, hier ? enchaîna aussitôt Rivers.

— C'est exact. Je suis allé dans le nord du pays chercher un cheval chez un éleveur de mes amis.

— Je vois. Et je suppose que cet éleveur pourra confirmer vos dires ?

— Si besoin est. Est-ce tout, à présent ? J'ai beaucoup de travail en retard...

— C'est tout, oui. Mais je vous demanderai de ne pas

quitter la ville. J'essaie de déterminer depuis combien de temps les bagages sont dans la décharge, et j'aurai peut-être d'autres questions à vous poser.

— Ce n'est pas moi qui ai mis ces bagages là-bas, déclara posément Alex. Je suis navré de ne pas pouvoir vous être plus utile.

L'inspecteur acquiesça brièvement, sans chercher un instant à dissimuler son scepticisme. Ce ne fut que lorsque Mme Muir l'eut reconduit à la sortie qu'Alex se laissa tomber dans un fauteuil, la mâchoire serrée. Après avoir lâché un chapelet de jurons en guise d'exutoire à sa tension, il leva un regard hésitant vers la carafe de whisky posée sur un secrétaire.

L'affaire, décidément, prenait des proportions inquiétantes. Qui diable avait bien pu abandonner les bagages d'Alicia dans une décharge? Sûrement pas elle, à en juger par le soin maniaque qu'elle avait toujours porté à son apparence.

Qui, alors?

Et pourquoi?

Un nom lui vint aussitôt à l'esprit : Conrad Wyatt. Son beau-père serait-il allé jusqu'à engager un détective pour retrouver une femme qu'il ne connaissait que de réputation? Et lorsque Kate avait rencontré Conrad, à Wyvern Hill, il aurait juré que tous deux ne se connaissaient pas. A moins qu'elle ne fût une extraordinaire actrice...

Kate...

Le souvenir de sa trahison lui fit l'effet d'un coup de poignard en plein cœur. La carafe du whisky lui parut doublement tentante, et il songea avec envie à l'oubli que pourrait lui procurer le malt sombre et velouté. Dire que, la veille à peine, il avait commencé à envisager l'avenir avec optimisme, pour la première fois depuis des années!

— Il est parti, annonça la gouvernante, depuis le seuil de la pièce. Que vous a-t-il dit?

— Qu'ils avaient trouvé les affaires d'Alicia dans une décharge.

Visiblement horrifiée, Mme Muir prit appui contre le chambranle.

— Ils ne vous accusent tout de même pas d'être responsable de sa disparition ?

— Pas encore. Mais ce n'est qu'une question de temps.

— C'est... c'est ridicule ! Et son mari ? Mme Sawyer affirmait qu'il vous en voulait de l'avoir hébergée.

— Elle prétendait aussi qu'il la battait, ce qui s'est révélé faux. De toute façon, je n'ai pas envie d'accuser qui que ce soit sans preuves. Et rien ne nous dit qu'Alicia est vraiment morte. Il est possible que ce ne soit qu'une machination pour me compromettre. Les valises qu'il a soi-disant identifiées pourraient appartenir à n'importe qui. Enfin, peut-être en saurai-je plus en interrogeant Kate. Elle va bientôt arriver...

— Est-ce bien prudent, monsieur Kellerman ? questionna anxieusement la gouvernante. Je resterais à distance de cette femme, si j'étais à votre place.

— Vous n'êtes pas à ma place, fit valoir Alex avec un sourire las. Oh, au fait, débarrassez-moi de cette carafe de whisky, voulez-vous ? Je sens que je vais avoir besoin de toute ma lucidité au cours des prochains jours...

# 11.

Kate bouillait d'impatience sur le trajet qui la conduisait à Jamaïca Hill. Elle n'avait pas revu Alex depuis la soirée qu'elle avait passée avec lui, soirée qu'il lui semblait à présent avoir rêvée. Elle avait du mal à croire, rétrospectivement, à ce qui était arrivé. Comme par magie, son compagnon avait transformé la timide Kate Ross en femme fatale, sensuelle, audacieuse et insatiable. Elle en rougissait du seul fait d'y penser !

La présence de quelques véhicules, garés le long de l'enceinte de la propriété, aurait dû l'alerter. Mais Kate était bien trop absorbée par ses souvenirs pour y prêter réellement attention, et y voir autre chose que quelques touristes qui s'étaient arrêtés là pour admirer les collines.

La voiture d'Alex n'était nulle part en vue lorsqu'elle s'arrêta dans la cour, et elle ne put s'empêcher d'éprouver un pincement de déception. Elle avait décidé de lui avouer les raisons de sa présence ici, et répugnait à devoir patienter avant de le faire.

Une petite voix, qu'elle avait fait taire jusque-là, lui murmura qu'Alex regrettait peut-être ce qui s'était passé entre eux... Se refusant à l'écouter, Kate descendit en chantonnant de sa Vauxhall et se dirigea vers son bureau. Le téléphone se mit à sonner au moment même où elle y entra et elle décrocha sans prendre la peine d'enlever son manteau, se demandant quelle affaire urgente pouvait bien motiver un coup de fil si matinal.

Elle se raidit en reconnaissant la voix de Susie, et comprit instinctivement que quelque chose de grave avait dû arriver pour que sa secrétaire prît la liberté de l'appeler au domaine.

— Susie, que se passe-t-il ? demanda-t-elle aussitôt.

— La police est venue ! Ils m'ont demandé où vous étiez, et j'ai été obligée de le leur dire. Cet inspecteur Rivers m'a fait froid dans le dos... Je ne pouvais rien faire d'autre.

— Non, bien sûr...

Le cœur de Kate s'était mis à battre la chamade. La police était-elle déjà sur les lieux ? Seigneur, Alex allait certainement avoir une attaque s'il apprenait la vérité de la bouche d'un autre ! Elle devait à tout prix voir l'inspecteur avant l'arrivée de son employeur.

— Ils ont trouvé les bagages de Mme Sawyer, reprit Susie avec agitation. Dans une décharge.

— Une décharge ? Mon Dieu... Ils ont également trouvé un corps ?

— Pas encore, répondit une voix froide et sardonique, dans son dos.

La jeune femme pivota et fixa Alex, terrifiée. Il venait d'émerger du bureau du Guthrie et posait sur elle un regard où la colère le disputait au mépris.

— Je... je vous rappelle, Susie, marmonna-t-elle avant de raccrocher d'une main tremblante.

Un silence menaçant s'ensuivit, durant lequel aucun d'eux ne bougea. Puis la voix d'Alex claqua, sifflante et sèche comme un coup de fouet.

— Qui vous a engagée ?

— Henry... Henry Sawyer, bafouilla-t-elle instinctivement, avant de se rendre compte qu'elle venait de rompre le secret professionnel.

— Vous espérez que je vais croire ça ?

— C'est... c'est la vérité ! s'exclama Kate, tentant de dissimuler sa panique. Il m'a dit que sa femme avait disparu. Je pensais qu'il s'agirait d'une enquête banale.

— D'une enquête, répéta son compagnon avec mépris. Pardonnez-moi, mais je n'ai pas l'impression que vous ayez fait quoi que ce soit pour mériter votre salaire. Car Sawyer vous payait, n'est-ce pas ?

— C'est un travail comme un autre, Alex. Et, oui, Henry Sawyer me payait.

— Combien ?

Elle ne répondit pas aussitôt, et il répéta avec véhémence :

— Combien ?

— Cent livres par jour plus les frais, avoua-t-elle après une hésitation.

A l'annonce de ce montant, Alex fronça les sourcils.

— Vous prétendez qu'il vous versait cent livres par jour ? Alors qu'il est au chômage ?

— Que... que voulez-vous dire ? interrogea Kate, récupérant assez de ses facultés intellectuelles pour recommencer à raisonner. Qu'il y avait quelqu'un derrière Sawyer ?

— Qu'est-ce que vous croyez ? Ne faites pas l'innocente. Vous savez fort bien qui a financé cette petite conspiration. J'accepte de vous accorder que vous l'ignoriez la semaine dernière, à en juger par la façon dont vous m'avez défendu contre lui. Mais maintenant...

— Vous pensez qu'il peut s'agir de... de votre beau-père ?

— Qui d'autre ? s'exclama son compagnon en lui dardant un regard féroce. On peut dire qu'il a manœuvré habilement !

— Mais je n'ai rien à voir avec lui ! J'allais d'ailleurs abandonner l'enquête aujourd'hui. Je voulais tout vous raconter.

— Oh, vraiment ?

— Je vous promets que c'est la vérité ! J'espérais que vous me pardonneriez. Après... après ce qui est arrivé entre nous...

— Après notre petite partie de jambes en l'air ? ricana grossièrement Alex. Je vous en prie, ne vous compromettez pas pour si peu ! Car vous ne savez rien de moi, après tout ! Peut-être ai-je vraiment tué Alicia Sawyer ? Peut-être ai-je fait disparaître son corps ?

— Très intéressant, fit une voix venimeuse, depuis la porte d'entrée.

Kate pivota et étudia l'homme qui venait d'entrer dans son bureau. Petit et bedonnant, il promenait autour de lui un regard dont la méchanceté paraissait accrue par l'arête tranchante de son nez aquilin.

— Je venais interroger Mme Ross, reprit-il en exhibant une carte de police à l'intention de la jeune femme.

— Faites donc, inspecteur, rétorqua Alex. Et si vous découvrez quelque chose de croustillant, prévenez-moi...

Assise à son bureau, la tête entre les mains, Kate tentait vainement de remettre de l'ordre dans ses pensées. Son seul résultat, pour le moment, était un mal de tête lancinant et insidieux.

L'inspecteur Rivers l'avait questionnée sans cacher ses soupçons à l'égard d'Alex. Elle avait répondu le plus sincèrement possible, choquée par la façon partiale dont le policier avait posé certaines questions. Ce dernier avait fini par la laisser, après une heure d'un interrogatoire éreintant.

Elle avait alors entrepris de rassembler ses affaires personnelles — moment que Lacey avait choisi pour faire son apparition. Il avait suffi à Kate d'un coup d'œil à son expression pour comprendre que sa « rivale » venait lui chercher noise.

— Alex vous a renvoyée ? avait demandé Lacey, sans autre forme de préambule.

— Pas exactement.

— Mais vous partez.

— Je pars, oui, de mon plein gré. Puis-je vous demander ce que vous venez faire ici, madame Sheridan ?

— Vous avertir, avait répondu l'intéressée en lui coulant un regard mauvais. Si vous tenez à Alex, restez en dehors de sa vie.

— Est-ce une menace ?

— Juste un avertissement. Alex et moi nous connaissons depuis longtemps, et je n'ai pas l'intention de laisser une petite secrétaire minable se mettre en travers de mon chemin. Car ce que vous ne savez peut-être pas, avait ajouté Lacey en s'approchant, c'est qu'Alex et moi sommes amants...

Avec un soupir abattu, Kate chassa la scène de son esprit. Il lui semblait encore respirer le parfum entêtant de Lacey Sheridan. Elle, la maîtresse d'Alex ? Elle avait eu peine à le croire. Mais les faits étaient là, et Alex lui-même avait qualifié ce qu'ils avaient vécu ensemble de « partie de jambes en l'air ». Il n'avait donc pas, ainsi qu'elle l'avait d'abord espéré, parlé sous le coup de la colère...

Sans enthousiasme, et davantage pour s'occuper que par réelle curiosité, elle tira le dossier de l'enquête de son tiroir. Là se trouvaient rassemblés les comptes rendus de ses entretiens avec Billy Roach et Mme Muir, les factures correspondant aux versements d'Henry Sawyer et la photo que son client lui avait donnée.

Alicia Sawyer... Celle par qui tout était arrivé. Celle par laquelle elle avait rencontré Alex, et par laquelle elle l'avait perdu...

Prenant machinalement la loupe qui se trouvait dans le même tiroir, elle la promena au-dessus du cliché. Malgré le flou du visage, Kate le trouva pour la première fois hostile, peut-être parce qu'il était agrandi par le verre. Et, presque aussitôt, elle eut l'impression que ce détail était important.

Elle se mordit la lèvre, pensive, tandis qu'une certitude nouvelle se faisait jour en elle. Elle connaissait ce visage. Mais où avait-elle bien pu voir cette femme ? Sa vie sociale était inexistante, et les seuls endroits inédits qu'elle avait fréquentés ces derniers temps étaient le parc aux canards et le snack où Alex, Rachel et elle avaient pris une boisson chaude.

Elle soupira. L'information qu'elle cherchait prenait un malin plaisir à lui échapper et...

Brusquement, au moment même où elle s'apprêtait à capituler, la lumière se fit dans son esprit, la clouant littéralement sur son fauteuil. Oui, elle savait d'où elle connaissait ces traits !

Les yeux écarquillés, comme en transe, elle revécut sa visite à Wyvern Hall, puis le moment où elle avait aperçu ce visage, à la fenêtre...

Cette femme qu'elle avait prise pour Mme Wyatt n'était autre qu'Alicia Sawyer !

# 12.

— Une femme demande à vous voir, annonça Susie en passant la tête par la porte du bureau. Une certaine Mme Muir.

— Mme Muir ? répéta Kate sans cacher sa surprise. Faites-la entrer...

Sa secrétaire disparut pour laisser place, quelques secondes plus tard, à la gouvernante. Repoussant les factures qu'elle avait étudiées, Kate se força à sourire.

— Asseyez-vous, madame Muir. Désirez-vous une tasse de café ?

— Non, merci, répondit l'intéressée en s'installant. Je ne vais pas vous déranger longtemps. Avez-vous passé de bonnes fêtes de Noël ?

— Excellentes, merci.

— Parfait, parfait...

Un silence maladroit retomba dans la pièce. Kate se demanda s'il n'allait pas se prolonger éternellement, mais Mme Muir reprit :

— Je... je tenais à vous remercier de ce que vous avez fait pour M. Kellerman.

Kate sentit son estomac se nouer à la mention de ce nom, mais répondit d'un ton neutre :

— Vous n'aviez pas besoin de vous déranger. L'avocat de M. Kellerman m'a écrit une lettre de remerciement après que M. Wyatt a été arrêté pour corruption et subordination de témoin.

Son enquête, elle s'en souvenait encore, s'était terminée en apothéose. La police avait trouvé Alicia chez les Wyatt, et la vérité avait soudain éclaté au grand jour. Henry Sawyer avait travaillé pour Conrad quelques années plus tôt avant d'être renvoyé pour vol. Le vieil homme avait contraint le couple à participer à son plan sous peine de dénoncer Henry à la police. Raison pour laquelle ce dernier s'était montré si loquace lorsqu'il avait été arrêté.

— Son avocat? s'exclama Mme Muir, visiblement déroutée. Vous voulez dire que M. Kellerman a demandé à Julian Morris de vous écrire en son nom?

— Oui. Mais ça n'a aucune importance, vous savez.

— Tout de même, je pensais qu'il était venu vous voir en personne... Enfin, ce n'est pas la raison de ma présence ici...

Mme Muir s'interrompit, et Kate la dévisagea patiemment, se demandant quand elle se déciderait à en venir au fait.

— Il est temps que... quelqu'un sache la vérité, déclara enfin la gouvernante, dans un murmure presque inaudible.

— La vérité?

— Sur la mort de Mme Kellerman. Ce n'était pas un accident. Enfin, si, c'en était un. Mais le cheval avait été délibérément changé de stalle.

A ces mots, Kate sentit le sang refluer de son visage.

— Vous voulez dire qu'Alex...

— Non, pas Alex. C'est mon mari qui a fait cela. Mon Jim. Il ne voulait pas tuer Pamela. Juste qu'elle... qu'elle se blesse.

— Seigneur, murmura Kate, atterrée par cette révélation. Et pendant tout ce temps...

— M. Kellerman m'a interdit de révéler la vérité, acheva Mme Muir dans un souffle. Jim était déjà très malade, à l'époque. Et je crois que, quand notre fils s'est suicidé, il a perdu la raison.

— Mon Dieu...

— Vous êtes la seule à connaître toute l'histoire, à présent, en dehors de M. Kellerman et de moi.

— Je... je ne sais pas quoi dire.

— Ne dites rien, dans ce cas, enjoignit Mme Muir en sortant un mouchoir de son sac, et en s'en tamponnant les yeux. Je voulais juste que vous sachiez que M. Kellerman n'a pas tué sa femme.

— Je ne l'ai jamais cru un seul instant. Du moins, pas après l'avoir rencontré.

— Vraiment ? Mais Mme Sheridan m'a dit que c'était parce que vous le croyiez coupable que vous aviez accepté ce travail.

— Mme Sheridan a menti, riposta Kate farouchement. Dites à Al... à M. Kellerman que je l'ai toujours su innocent. Je ne voudrais pas qu'il conserve une mauvaise image de moi après mon départ.

— Après votre départ ?

Mme Muir la dévisageait avec stupeur, et Kate regretta de s'être laissée aller à cette confidence.

— Je compte déménager à Londres, reconnut-elle à contrecœur. J'ai un diplôme de droit, et j'essaierai de me trouver une place dans un cabinet d'avocats.

— Et... votre fille part avec vous ?

— Bien sûr. Ainsi que ma mère. Elle n'est pas enchantée par cette idée, mais cela permettra à Joanne de prendre un nouveau départ à l'école.

— Je comprends. Bien, je crois qu'il est grand temps que je parte, à présent. Je vous ai assez dérangée.

— J'ai été ravie de vous voir, déclara Kate, se levant pour raccompagner son interlocutrice jusqu'à la porte. Et je suis très honorée de la confiance que vous m'avez manifestée en me disant la vérité. J'espère que vous serez tous très heureux, à Jamaïca Hill.

— Je l'espère aussi. Maintenant que Rachel est revenue, tout devrait aller mieux. Alex avait grand besoin d'une famille...

Kate hocha la tête et continua de sourire courageusement, mais des larmes lui brûlaient les yeux lorsqu'elle reprit enfin place à son bureau.

Susie partit à cinq heures, comme à son habitude, et Kate décida qu'il ne lui servait à rien de rester plus longtemps. Son départ, prévu deux semaines plus tard, approchait — et elle n'avait pas encore pris le quart des mesures nécessaires. Sa mère considérait sa décision de déménager pour Londres comme une folie, mais elle était loin de connaître tous les éléments de l'affaire...

Réprimant une bouffée d'angoisse, Kate pria silencieusement pour que l'une de ses candidatures débouchât sur un emploi. La vente de son appartement actuel lui permettrait de récupérer quelques liquidités, mais le coût de l'immobilier dans la capitale l'obligerait à faire le sacrifice d'un peu d'espace. Il était fort probable qu'elle ne pourrait racheter qu'un deux-pièces, ce qui n'était pas sans poser des problèmes. Joanne était en effet de plus en plus indépendante, et supporterait sans doute mal de devoir partager une chambre avec elle ou avec sa grand-mère.

Il y avait pourtant un moyen d'éviter cela : aller trouver Alex et lui apprendre la vérité. Mais l'idée de voir de nouveau Lacey Sheridan, peut-être même de devoir supporter ses quolibets et de l'entendre fustiger sa naïveté, était plus qu'elle n'en pourrait supporter.

Le claquement de la porte d'entrée la fit tressaillir, et

elle tendit instinctivement la main vers le tiroir où se trouvait le revolver de son père. Qui pouvait se présenter ici à cette heure, et entrer sans se faire annoncer ? Un ami d'Henry Sawyer ou de Conrad Wyatt, assoiffé de vengeance ?

Lorsque Alex apparut sur le seuil de son bureau, elle en éprouva une panique accrue au lieu du soulagement espéré. Elle avait bien cru ne jamais le revoir, et elle comprit en une fraction de seconde à quel point cette idée était insupportable.

— Il paraît que vous partez ? s'enquit-il froidement, sans prendre la peine de la saluer. Est-ce que quelqu'un a fait ou dit quelque chose qui vous pousse à fuir ?

« Seulement vous », songea-t-elle, le cœur serré.

— Si on vous a menacée, reprit Alex, dites-le-moi.

— P-Personne ne m'a menacée, objecta Kate, retrouvant enfin l'usage de la parole. Je renonce à ce métier, c'est tout. Je vais trouver une place ailleurs.

— Où ?

— Qu'est-ce que ça peut vous faire ?

— Répondez-moi.

— A Londres.

— Ne partez pas.

Voilà bien la dernière chose qu'elle s'était attendue à entendre ! Heureuse de ne pas s'être levée tant ses jambes tremblaient, elle se força à le regarder et à redresser les épaules.

— Je n'ai pas le choix, répliqua-t-elle un peu sèchement, avant d'enchaîner : Mme Muir m'a appris que Rachel vivait de nouveau à Jamaïca Hill ? Je suis vraiment ravie pour vous deux.

— Vraiment ?

— Vraiment, oui. Ecoutez, rien ne pourra justifier ce que j'ai fait, mais au moins le dénouement en est-il heureux. Je sais que j'aurais dû me renseigner sur Henry Sawyer. N'importe quel bon détective l'aurait fait.

— Inutile de vous flageller. Personne ne pouvait imaginer à quel point Wyatt était retors.

— En effet... D'ailleurs, je ne suis même pas très sûre de comprendre le rôle que j'ai joué dans l'affaire.

— C'est pourtant simple. Les disparitions sont monnaie courante, et la police n'y accorde en général qu'une attention limitée. Votre enquête était censée donner plus de poids à l'affaire. Mais comme vous n'avez rien découvert de compromettant, Wyatt a décidé de précipiter les choses. Il a donc demandé à Sawyer de déposer les valises dans une décharge.

— Mais pourquoi Alicia s'est-elle prêtée au jeu ?

— Pour l'argent.

— Henry Sawyer a prétendu que vous l'aviez hébergée, fit remarquer Kate, presque malgré elle.

— C'est exact. Elle est venue se plaindre auprès de moi que son mari la battait. Wyatt était déjà derrière tout ça. C'était la première phase de sa machination.

— Je vois.

— Je n'ai pas eu de liaison avec elle, si c'est ce que vous croyez.

— Ça ne me regarde pas.

— Non, bien sûr, murmura Alex avec un sourire étrange. Quoi qu'il en soit, je tenais à vous remercier personnellement pour ce que vous avez fait. Lacey m'a dit que vous ne vouliez plus me voir, mais je n'ai pas pu m'empêcher de passer.

Cette fois-ci, c'en fut trop. Posant les mains à plat sur son bureau, Kate se leva et déclara avec véhémence :

— Mme Sheridan vous a menti ! Je n'ai jamais dit une chose pareille ! Mais je comprends que vous lui accordiez un crédit sans limites, puisque vous couchez avec elle !

Elle regretta aussitôt ses mots, mais il était trop tard.

— Qui vous a dit cela ? s'enquit Alex en faisant un pas vers elle.

— Lacey ! Vous allez prétendre que ce n'est pas vrai ?

— Je ne prétendrai rien du tout. Je vous dirai simplement qu'il m'est arrivé de coucher avec Lacey dans des moments d'égarement.

— Ainsi que je vous l'ai dit, fit valoir sèchement Kate, ça ne me regarde pas.

— Et si j'ai envie que ça vous regarde ?

— Que...

Vif comme l'éclair, il contourna son bureau et se posta devant elle. Kate eut l'impression que l'oxygène de la pièce se raréfiait, et que chaque bouffée d'air qu'elle inspirait lui brûlait les poumons. Alex était si près d'elle, à présent, qu'elle n'avait qu'à tendre la main pour le toucher — ce qu'elle faillit faire machinalement. Crispant tous ses muscles, elle parvint à rester immobile.

— Je vous rappelle que nous avons fait l'amour, déclara son compagnon. Et je n'ai jamais vécu une expérience aussi intense de toute ma vie.

— Parfait, rétorqua Kate, se refusant à comprendre ce qu'il sous-entendait. Mais à présent que vous avez récupéré Rachel, vous pouvez de nouveau penser à l'avenir. Je suis certaine que Lacey apprendra à aimer Rachel.

— Je me moque de Lacey ! rugit Alex en la saisissant par les épaules. Elle n'a aucune place dans mon avenir ! Et je n'aurai aucun avenir si vous partez !

— Vous... vous n'êtes pas sincère.

— Et si je l'étais ? Ça vous importerait ?

— Je... je ne sais pas ce que vous attendez de moi, bredouilla la jeune femme. Vous avez dit que ce n'était qu'une partie de jambes en l'air...

— Je sais ce que j'ai dit ! J'étais en colère, et je n'en pensais pas un mot. Tout à l'heure, quand Agnes m'a annoncé que vous alliez partir, j'ai compris que je ne le supporterais pas. Je voulais savoir si ce que Lacey m'avait affirmé était vrai.

— Non, ça ne l'est pas, murmura Kate, renonçant à lutter contre l'immense espoir qui montait en elle. Je crois qu'elle avait compris ce que j'éprouve pour vous...

— A savoir?

— Je... je vous aime...

Une lueur de triomphe éclaira le regard de son compagnon, puis ses traits s'adoucirent comme si une main invisible venait de lui ôter son masque inquiet.

— Vous m'aimez, répéta-t-il d'une voix rauque. Et dire que nous avons failli passer à côté du bonheur...

— Vous voulez dire que...

— Je veux dire que je vous aime comme je n'ai jamais aimé personne...

# Épilogue

— Il faut reconnaître que ce lit est plus confortable que ton canapé, chuchota Alex.

Roulant sur le côté, il posa sur Kate un regard brillant. Jamais elle ne lui avait paru plus désirable, plus sensuelle, plus belle, qu'alanguie, sur les draps froissés.

— C'est vraiment ta chambre ? s'enquit-elle d'une voix traînante, tandis qu'il embrassait l'aréole sombre de l'un de ses seins. Hmm, c'est bon... Continue...

— J'en ai bien l'intention.

Pourtant, il se força à se redresser sur un coude. Ils avaient encore tant de choses à se dire... Et, il fallait bien le reconnaître, il s'interrogeait encore sur les raisons qui l'avaient poussée à vouloir quitter si brutalement Montford.

Comme si elle avait perçu son incertitude, Kate noua ses mains derrière sa nuque et déposa un baiser au coin de ses lèvres. Alex hésita, sachant qu'il lui aurait été facile de s'abandonner jusqu'au lendemain. Mais il l'aimait trop pour supporter plus longtemps ces doutes insidieux.

— Il faut que nous parlions, annonça-t-il en se redressant brusquement. C'est important.

— Je sais. Cette chambre a besoin d'être redécorée. Peut-être en vert, qu'en dis-tu ?

— Ce n'est pas la chambre principale, corrigea machinalement Alex. Tu auras tout le temps de choisir où tu veux loger lorsque tu emménageras ici. Enfin, bien sûr, je ne veux pas te forcer la main. Peut-être n'était-il pas dans ton intention de...

Mais Kate l'interrompit en posant une main légère sur son bras.

— Tu as des doutes sur mes sentiments ? observa-t-elle avec gravité. A moins que ce ne soit sur les tiens.

— Bien sûr que non ! répondit-il avec une dureté involontaire. Je suis fou amoureux de toi. Ce que je n'arrive pas à comprendre, c'est... c'est pourquoi tu voulais partir.

— Ah, c'est donc ça...

— Oui.

— Eh bien, je... je n'avais pas le choix.

— Pas le choix ? Je ne vois pas en quoi...

— Je suis enceinte de toi.

En proie à une émotion plus forte encore que toutes celles qu'il avait éprouvées jusque-là, Alex écarquilla les yeux.

— Q-Quoi ? Mais pourquoi ne m'en as-tu rien dit ?

— Parce que je ne voulais pas que tu te sentes prisonnier.

— Mais c'est ridicule ! Oh, ma chérie..., murmura-t-il en posant une main tremblante sur son ventre. Je suis si heureux ! Et dire que j'avais peur de te brusquer. Je redoutais que tu ne saches pas vraiment ce que tu voulais.

— Oh, je sais parfaitement ce que je veux, monsieur Kellerman, répliqua Kate avec un clin d'œil mutin. Et je vais vous le prouver tout de suite...

Il fallut à Alex un long moment avant de rassembler ses esprits — et de pouvoir songer aux détails pratiques de son avenir commun avec Kate.

— Crois-tu que Joanne sera déçue de devoir rester à Montford ? demanda-t-il avec une pointe d'inquiétude.

— Et de devoir vivre au milieu des chevaux, dans une immense propriété ? Oh, non, crois-moi, elle sera aux anges.

— Et ta mère ? Est-ce qu'elle m'acceptera comme beau-fils ?

— Ma mère sera ravie quand elle saura que je suis enceinte. Quant à Joanne, elle t'adore déjà. Ce sera probablement la moins surprise de nous tous !

— Dire que nous allons avoir trois enfants...

— Pour commencer ! répondit Kate, provocante. Mais Rachel ? Tous ces bouleversements ne seront-ils pas un peu pénibles pour elle ?

— Je suis peut-être égoïste, mais je pense que c'est exactement ce dont elle a besoin. Une famille, Joanne, un petit frère ou une petite sœur... Je suis tellement heureux que je trouve presque la force de pardonner à Wyatt.

— Je savais qu'il y avait plein d'amour là-dedans, déclara Kate en pointant un doigt vers son cœur.

— Plus encore que tu ne le crois, murmura Alex en l'embrassant avec ferveur. Mais tu as toute la vie pour le découvrir...

Collection Amours d'Aujourd'hui

# Découvrez gratuitement, ce mois-ci, la passionnante saga

# Les Héritiers

*Avec* **Les Héritiers**, *vous suivrez au fil des mois l'histoire captivante des Fortune, un clan puissant dont l'éclatant succès dans l'industrie prestigieuse des cosmétiques suscite à la fois envie et jalousies. Mais aussi les aventures amoureuses des héritiers de cette dynastie, des hommes et des femmes à la personnalité complexe et attachante.*

Le premier roman *Les Héritiers* vous est offert dans un coffret *Amours d'Aujourd'hui* très attractif constitué de 2 romans pour le prix d'1 !

# *Vive les mariés, vive l'amour*

*En avril, nous vous invitons à fêter les mariés de l'an 2000 avec le coffret* **Les jeux** *d'Harlequin "Spécial Mariage". En mai, les mamans seront à l'honneur avec des coffrets pleins de tendresse, d'émotion et d'amour. Notez bien vos rendez-vous :*

## *Le 1er avril*

### Coffret LES JEUX *d'Harlequin "Spécial Mariage"*

Vous aimez les mots croisés, fléchés, codés, et autres quizz, mais aussi les histoires d'amour ? Nous vous proposons de découvrir, ce mois-ci, le coffret LES JEUX *d'Harlequin "spécial Mariage"*, composé de deux romans réédités et d'un supplément jeux gratuit de 24 pages, tout en couleurs, avec de nombreux cadeaux à gagner ! Laissez-vous prendre au jeu...

## *Le 15 avril*

### Coffret "3 romans pour le prix de 2"

Ne manquez pas notre coffret "3 romans pour le prix de 2", composé de 2 romans inédits de la collection Désirs, ainsi que d'un roman de la collection Rouge Passion, spécialement réédité pour vous et gracieusement offert.

## *Le 1er mai*

### *Romans Coup de Cœur Entre mère et fille....*

Entre mère et fille naît au fil des années une tendre complicité. La maman câline devient une amie, une confidente à qui l'on peut tout raconter : les peines, les joies, le premier amour... Certes, des conflits viennent parfois assombrir ces bonnes relations, mais entre mère et fille, les sentiments ne sont-ils pas toujours les plus forts ? Sur un thème orignal, ces romans Coup de Cœur vous entraîneront dans de passionnantes histoires d'amour.

### Coffret Fête des Mères

Jeunes, dynamiques, modernes, les mamans de ce coffret mènent leur vie tambour battant. Pour Kate et Jessica, seul compte le bonheur de leurs enfants. Pas question pour elles de retomber sous l'emprise d'un homme ! Du moins le croient-elles... Quant à Emily, la troisième héroïne de ce coffret, être maman sera une expérience toute nouvelle, et ô combien émouvante, puisqu'elle va trouver grâce au séduisant Jason, non seulement l'amour, mais aussi, avec ses quatre neveux et nièces, une vraie famille sur mesure...

**VOTRE PROCHAIN RENDEZ-VOUS AVEC LES BEST-SELLERS HARLEQUIN**

## Le 1er mai 2000 :
## 3 romans inédits + 1 roman réédité

***L'INVITATION***, de Heather Graham Pozzessere • N°112

Lavé de tout soupçon dans l'affaire du meurtre de sa femme, l'auteur à succès Jon Stuart n'oublie pas qu'un criminel est toujours en liberté. Et que ce criminel est forcément l'un des invités qu'il recevait dans son château trois ans plus tôt, quand le drame a eu lieu. Désormais prêt à confondre le coupable, il rassemble les convives d'autrefois sous le prétexte d'un jeu de rôles...

***Menace sur une passion***, de Mary Lynn Baxter • N°113

Entre Blythe, la jeune veuve, et Ryker Delaney, l'inspecteur, rien ne va plus. Il faut dire que leur rencontre ne date pas d'hier : il y a quelques années, Delaney l'a harcelée pour lui faire avouer un crime qu'elle n'a pas commis, et voilà qu'aujourd'hui, son mari est retrouvé mort. Assassiné. La suspecte numéro un et l'enquêteur sont à nouveau en présence, ennemis dont la relation se transforme en conflit douloureux à mesure qu'un désir sexuel les attire irrésistiblement l'un vers l'autre. Ce qui n'empêche pas Delaney d'arrêter Blythe sur de simples présomptions...

**(suite page suivante)**

*Les rubis de la vengeance,* de Nora Roberts • N°114

Depuis que son père est mort en cherchant un somptueux collier de rubis et de diamants au fond d'une épave, en mer des Caraïbes, Matthew Lassiter s'est juré de poursuivre la chasse au trésor. Ce n'est pas tant la convoitise qui le pousse, que le désir de se venger d'un homme, qu'il croit responsable de la mort de son père. En compagnie de riches vacanciers rencontrés aux Caraïbes, et de leur ravissante fille de vingt ans, Matthew entreprend de sonder les abysses en quête du joyau. Un joyau qu'on appelle "la malédiction d'Angélique" et qui, dit-on, porte malheur à quiconque tente de se l'approprier. Mais, aveuglé par son désir de vengeance, Matthew ne prête aucune attention à cette prophétie de sorcière...

*La fleur de la honte,* d'Erica Spindler • N°60

Issue de plusieurs générations de femmes de petite vertu, Hope est prête à tout pour échapper à cette lignée qu'elle hait. La chance se présente à elle sous les traits de Philippe St. Germaine, un homme de la haute société qu'elle parvient à tromper sur ses origines et à épouser. Mais la venue d'un enfant – une fille ! – réveille la haine qui la ronge et condamne la petite Glory à porter sans le savoir le poids de ce terrible passé...

Composé sur le serveur d'EURONUMÉRIQUE, À MONTROUGE
PAR LES ÉDITIONS HARLEQUIN
Achevé d'imprimer en mars 2000
sur les presses de l'Imprimerie Bussière
à Saint-Amand-Montrond (Cher)
Dépôt légal : avril 2000
N° d'imprimeur : 387 — N° d'éditeur : 8116

*Imprimé en France*